00 Questions and Answers about
Extreme Weather on Agriculture

农作物应对灾害天气100问

赵立群 主编

中国农业出版社
北 京

图书在版编目（CIP）数据

农作物应对灾害天气100问/赵立群主编．—北京：中国农业出版社，2024.2（2025.11重印）

ISBN 978-7-109-31721-5

Ⅰ.①农…　Ⅱ.①赵…　Ⅲ.①灾害性天气－影响－农作物－研究　Ⅳ.①P44②S31

中国国家版本馆CIP数据核字（2024）第014189号

中国农业出版社出版

地址：北京市朝阳区麦子店街18号楼

邮编：100125

责任编辑：郭晨茜　谢志新

版式设计：王　晨　　责任校对：刘丽香　　责任印制：王　宏

印刷：中农印务有限公司

版次：2024年2月第1版

印次：2025年11月北京第4次印刷

发行：新华书店北京发行所

开本：880mm × 1230mm　1/32

印张：4

字数：104千字

定价：36.00元

编委会

主　编　赵立群

副主编　周贝贝　李秋月　梅　丽　王　帅

参　编　王　静　广东省农业科学院

韦　强　北京市农业技术推广站

兰宏亮　北京市农业技术推广站

田雅楠　北京市农业技术推广站

冯杰明　北京市密云区农业服务中心

杨闪闪　武汉市农业科学院

赵　鹤　北京市农业技术推广站

荣慧君　北京市密云区农业服务中心

钱　井　北京市农业技术推广站

曹彩红　北京市农业技术推广站

曹丽丽　北京市密云区农业服务中心

满　杰　北京市农业技术推广站

郑丽静　北京市农业技术推广站

胡潇怡　北京市农业技术推广站

祝　宁　北京市昌平区农业技术推广站

黄　蕾　北京市气候中心

程中源　中国人民保险股份有限公司北京分公司

廖文娟　北京市密云区农业服务中心

前言

FOREWORD

农业是稳民心、安天下的战略产业，也是受自然灾害制约最严重、风险最高的弱质产业。生长在自然环境中的农作物，随时随地受到气象条件的影响，其中温度、光照以及水分等气象条件是农业生产过程中重要的依赖条件，一旦这些气象条件与农业生产需求不适配，就会发生农业气象灾害。我国地域辽阔，气候类型多样，近年来，随着全球气候变化，极端气象事件也明显增多。以2023年为例，我国灾害天气频发，自然灾害形势复杂严峻，1—3月西南地区冬春连旱，夏收时节河南等粮食主产区遭受罕见“烂场雨”，进入“七下八上”之后又相继遭受“杜苏芮”超强台风、海河流域性特大洪水、松辽流域严重汛情等重大灾害。据应急管理部数据，2023年前三季度，全国农作物受灾面积9 714.8千公顷。针对农业气象灾害进行分析并采取合适的应对措施，减轻农业气象灾害对农业生产造成的损失，也成为当前农业生产中的重点工作。

科学技术是第一生产力，也是防灾减灾的“利器”。在长期抗灾救灾的生产实践中，广大科技工作者和一线生产者也积累了丰厚的理论和实践经验，针对不同区域、不同作物、不同环节的农业防灾减灾技术手段不断完善和提升，有效提高了防灾减灾的精准性、有效性、科学性，最大限度降低灾害损失，促进生产尽快恢复。

本书编者根据多年的一线工作经验和科研专长，总结介绍了我国灾害天气对主要农作物的不利影响，并提出了相应的防灾减灾技术措施。全书共分为四个部分：第一部分介绍农业灾害天气基本类型及影响特点，是开展防灾减灾技术工作的基础知识概要，按照从春至冬的时间线，共介绍了20种灾害天气类型，方便读者了解我国灾害天气的发生规律、主要类型及发生特点；第二部分介绍各类灾害天气对小麦、玉米、水稻三大主要粮食作物的影响和危害，及相应的防灾减灾技术；第三部分介绍各类灾害天气对露地、设施蔬菜作物的影响和危害，还针对产前育苗、产中栽培和产后加工总结了防灾减灾技术，此外，还特别介绍了农业保险对灾害天气的减损作用；第四部分介绍各类灾害天气对果树的影响和危害，及防灾减损技术措施。

全书采用一问一答的形式，灾害天气名称多用农谚俗语，技术措施精简实用，配图直观明了，希望能够为广大农户和技术工作者开展防灾减灾工作，提供切实有益的参考。由于编者水平有限，书中难免有错误或不足之处，恳请广大读者批评指正。

编　者

2024年1月

目录

CONTENTS

CHAPTER 01「第一章」

农业灾害天气基本类型及影响特点

QUESTION 01 什么是农业气象灾害？

气象灾害是自然灾害的一种，灾害性天气是造成气象灾害的直接原因。中国多发的灾害性天气包括大风、暴雨、冰雹、龙卷风、寒潮等，这些灾害性天气通常发生在不同的季节。由于地域辽阔、自然条件复杂，中国的灾害性天气种类繁多，且地区差异大。其中东北地区多发暴雨、洪涝和低温冻害等，长江中下游地区多发暴雨、洪涝、伏旱、台风等，华南地区和西南地区多发暴雨、干旱、低温冻害、冰雹和台风等。

农业气象灾害一般是指农业生产过程中导致作物显著减产的不利天气或气候异常的总称。农作物生长发育需要一定的气象条件，当气象条件不能达到要求时，作物的生长和成熟就会受到影响。农业气象灾害通常与天气和气候条件有关，可能对农作物、畜禽养殖和农田基础设施等产生不利影响，进而对农业生产造成影响。由温度因子引起的有热害、冻害、寒害和冷害；由水分因子引起的有旱灾、洪涝灾害、雪害和雹害；由风引起的有风灾；由气象因子综合作用引起的有冷雨和冻涝害等。农业气象灾害发生通常具有持续性、累积性和交替性。随着气候变化加剧，极端天气频繁，农业气象灾害发生范围逐年扩大，发生频率和持续时间均在加强，造成的危害强度也在加剧。

冰 雹

干 旱

洪 涝

QUESTION

02 什么是农业保险？种植业保险主要有哪些？

农业保险是指保险公司为农业生产者在从事种植业、畜牧业、林业和渔业生产过程中，遭受的自然灾害、意外事故、疫病疾病、价格波动等保险事故造成经济损失时提供保障的一种保险。农业保险一般可分为种植业和养殖业两大类。种植业保险主要包括农作物保险和林木保险，局部地区还有创新型种植业农险。

（1）农作物保险 可分为生长期农作物保险和收获期农作物保险。生长期农作物保险是以发苗至收获前处在生长过程中的农作物作为保险标的保险。目前，我国开办的生长期农作物保险有：小麦、水稻、玉米、棉花、烟叶、甘蔗等种植保险。种植保险按照保额确定的依据一般可划分为成本保险、完全成本保险以及种植收入保险。收获期农作物保险是承保农作物收获后在进行晾晒、轧打、脱粒和烘烤加工过程中，因遭受水灾、洪水、暴风雨等灾害而造成农作物产品损失的一种保险，如麦场夏粮火灾保险、烤烟水灾保险等。

（2）林木保险 其保险标的主要是指人工栽培的人工林和人工栽培的果树两大类。林木保险主要针对林木在生长期遇到的灾害，有火灾、虫灾、风灾、雪灾、洪水等，其中火灾是森林主要灾害。果树保险根据承保地区主要树种的自然灾害选择单项灾害或伴发性的灾害作为保险责任，对于果树病虫害一般根据果树具体种植情况决定是否可以作为保险责任。一般可分为果树产量保险和果树死亡保险。

（3）创新型种植业农险 常见的有：①气象指数保险理赔。依据特定气象站测量的事先规定时段内的特定天气指数，该天气指数的高或者低有可能造成农作物的损失。只要指数值超过或者低于设定的指数，保险就会赔付。②价格指数保险。以农产品价格为标的、以“价格指数”为赔付依据的一种农业保险产品，对农产品生产经营者因市场价格大幅波动的损失给予经济赔偿。当市场上农产品价格低于保险产品的既定价格或价格指数，从而造成农户损失时，启动保险赔偿。

QUESTION 03 什么是厄尔尼诺现象？

厄尔尼诺现象是地球气候系统中一种显著的自然气候变异现象，通常表现为赤道太平洋东部和中部海温升高，并引起全球气象模式的扰动。这种异常的海水温度升高是由于赤道太平洋中的风场和海洋环流发生变化，导致暖水从西太平洋流向东太平洋。

厄尔尼诺现象对全球气候和生态系统都产生广泛而深远的影响，涵盖了大气、海洋和陆地。其中一个显著的影响是全球气温的变化。由于厄尔尼诺现象导致赤道太平洋地区海温升高，释放大量的热能，使全球气温上升。此外，厄尔尼诺现象还引起了全球范围内降水模式的变化。一些地区可能经历干旱，而另一些地区则可能遭受洪涝。这对全球农业和水资源管理产生了直接影响，给农业生产带来了巨大的不确定性。例如，极端的高温天气对许多作物的生长非常不利，可能导致作物蒸腾过快、水分蒸发增加，进而加剧土壤干旱。此外，太平洋地区海水温度升高，对渔业产生了直接负面影响。

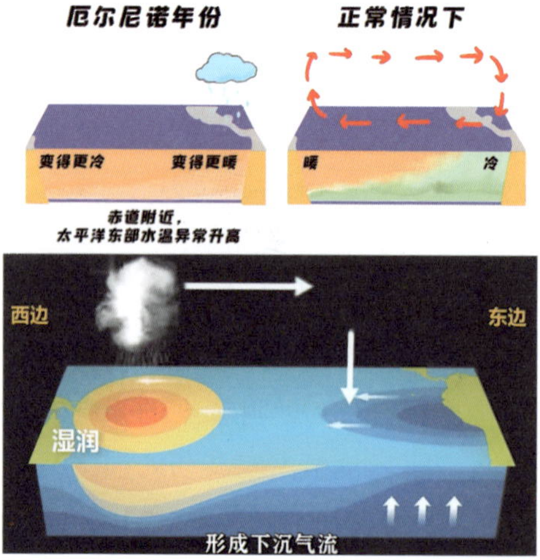

厄尔尼诺现象

QUESTION 04 什么是拉尼娜现象？

拉尼娜也被称为“反厄尔尼诺”，是指赤道附近东太平洋水温异常下降的现象，表现为东太平洋明显变冷，同时也伴随着全球性气候混乱。拉尼娜现象常与厄尔尼诺现象交替出现，但发生频率要比厄尔尼诺现象低。拉尼娜现象出现时，中国易出现冷冬热夏，登陆中国的热带气旋个数比常年多，出现“南旱北涝”现象；印度尼西亚、澳大利亚东部、巴西东北部等地降雨偏多；非洲赤道地区、美国东南部等地易出现干旱。

拉尼娜对我国气候的影响主要有两方面：一是拉尼娜发生的当年秋季，北方降水易偏多，出现秋汛的可能性大；二是其发生的当年冬季，气温易偏低，出现冷冬的可能性较大。如2000年发生的拉尼娜事件，导致2000—2001年冬季东北、华北地区气温明显偏低，部分地区出现了少见的严寒；2007—2008年拉尼娜事件导致2008年初我国南方发生大范围低温雨雪冰冻灾害。

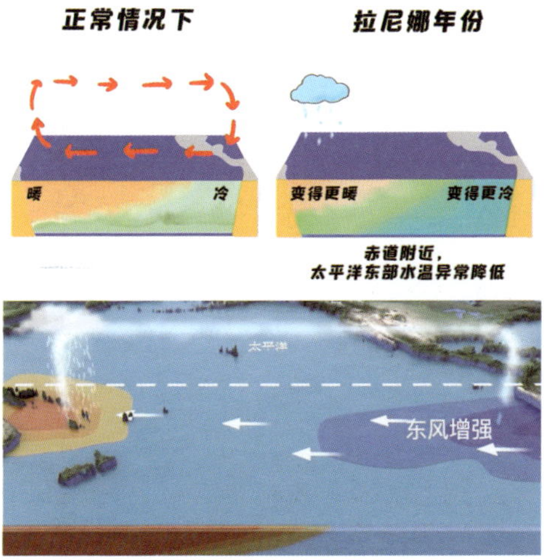

拉尼娜现象

QUESTION 05 冻害、冷害、寒害如何区别？

农业上的低温灾害主要有冻害、冷害、寒害，但人们对这3种低温灾害容易混淆，现从以下几个方面加以区别：

（1）温度条件　冻害发生时气温在0℃及以下，冷害发生时气温在0℃以上、10℃以下，寒害发生时气温在10℃以上。冻害、冷害、寒害作物的受害温度条件，因发生时的天气条件、作物种类和生育状况而有±1℃～±2℃的变动。

（2）发生季节　冻害发生在冬季严寒期，严寒低温影响的时期较长，包括雪灾、冻雨（雨凇）、雾凇、霜冻、寒潮等；冷害发生在温暖季节，包括春季冷害（倒春寒）、夏季冷害（东北低温冷害）、秋季冷害（寒露风）；寒害主要发生在冬季。

（3）发生地区　冻害发生地区以北方温带为主，南方亚热带地区有些年份出现冻害；冷害发生在全国大部分地区，以东北地区、西北地区和南方初秋季节较多发生；寒害主要发生在热带、亚热带地区少数年份。

（4）危害作物生育时期　冻害发生在作物越冬期、停止生长期和南方冬作物缓慢生长期；冷害发生在作物孕穗、抽穗、开花、灌浆期；寒害发生在热带、南亚热带作物缓慢生长或停止生长期。

（5）作物受害机理　冻害是作物组织脱水结冰，造成植株组织伤害；冷害和寒害是造成作物生长发育的机能障碍。

冻　害

冷　害

QUESTION 06 什么是寒潮？与持续低温有什么区别？

寒潮与持续低温在持续时间、变化速度、形成机制和影响范围等多个方面存在差异。寒潮是一个短暂的、急剧的天气现象，通常持续3 ~ 5天。相比之下，持续低温是一个较长时间的气象状态，可能持续数周。

寒 潮

持续低温下覆膜防冻

寒潮是一种大规模的强冷空气活动过程，但并不是每一次冷空气活动都是寒潮。某地冷空气过境后，日最低气温24小时内降温幅度≥8℃，或48小时内降温幅度≥10℃，或72小时内降温幅度≥12℃，而且使该地日最低气温下降到4℃或以下，才可称为一次寒潮天气过程。寒潮通常伴随着风速增大、天气急剧变冷和降水现象，往往出现在过程的前期，其效应在短时间内显著，如雨、雪或冰雹。寒潮的到来会对当地气温和天气产生明显的影响，会导致气温骤降，也会对当地的农业、交通以及人们的生活带来一定的影响。

持续低温是指气温在相对较长的时间内保持在较低水平的气象现象。这可能是由于大气环流的长时间稳定，高气压系统的控制，或其他气象因素导致的。持续低温通常不像寒潮那样迅速而急剧，而是在一个相对较长的时间尺度上表现为冷。天气变化相对缓慢，降水多出现在过程的后期。持续低温的降温幅度更大，持续时间更长，影响范围更大。这种现象可能是季节性的，也可能是由其他气象系统的影响而引起的。

07 QUESTION 什么样的天气容易发生霜冻？

霜冻通常发生在夜间或清晨，当地表和植物表面的温度降至冰点或以下，使得空气中的水蒸气在接触到冷表面时凝结成冰晶。这种冰晶形成了一层薄薄的霜层，覆盖在地面、草地、树木、车辆和其他物体上。

霜冻的形成主要与温度、湿度、无云无风和物体表面的性质等有关。霜冻通常发生在湿度较高的条件下，当空气中的水分饱和，多余的水蒸气会凝结成霜。因此，夜间湿度较高的晴朗夜晚是霜冻发生的理想条件。在无云的晴朗夜晚，地表和物体能够更快地散热，使温度降得更低，有利于霜冻的形成。此外，无风的条件也有助于避免空气的搅动，使水蒸气更容易在物体表面凝结为霜。物体表面的性质对霜冻的形成也有影响。例如，草地、树木等表面更容易散发热量，因此在这些表面上霜冻更容易形成。在降雪后的晴朗夜晚，积雪可以反射地表的热量，使地表温度下降更快，有利于霜冻的发生。

高地势地区通常在夜间散热迅速，因而更容易经历霜冻。在这些地区，冷空气往往流动并聚集在低洼处，形成较冷的微气候环境。在春季、秋季和冬季，地表温度较低，但天空仍然可能较晴朗。这个时期，夜间的温度下降较快，容易导致霜冻的发生。霜冻对农业和植物生长可能造成不利影响，因此了解容易发生霜冻的天气条件对农业管理至关重要。

霜 冻

QUESTION 08 暴雪天气的标准是什么？

暴雪是指在短时间内，降雪强度非常大，伴随着大风和低温的极端降雪过程。通常在大气中的湿空气受到强烈冷空气影响时发生。根据中国气象局发布暴雪天气标准，暴雪按照降水量划分为三个等级，即暴雪、大暴雪、特大暴雪。根据24小时降水量划分，降水量在10.0 ~ 19.9毫米为暴雪，20.0 ~ 29.9毫米为大暴雪，而达到或超过30.0毫米则属于特大暴雪。如果以12小时降水量为标准，降水量在6.0 ~ 9.9毫米为暴雪，10.0 ~ 14.9毫米为大暴雪，而达到或超过15.0毫米则为特大暴雪。

暴雪的形成涉及湿空气的供应、冷空气的侵入、上升运动、云层形成以及大范围的强降雪。暴雪发生时，冷空气流入某一地区，通常是由于冷锋或冷空气团的推进。冷空气使得大气温度急剧下降，将湿空气中的水蒸气迅速冷却。这一过程需要适当的气象条件，包括足够的湿度和冷空气的注入，以促使雪花的形成和大范围的积累。暴雪天气对农业的影响主要有导致农田和设施覆雪，对农作物造成冷害、冻害，尤其是早熟和秋季作物易受害，还可能损毁或压塌大棚、温室等农业生产设施。

暴 雪

QUESTION 09 什么是“倒春寒”？

“倒春寒”是指在春季本应渐暖的时候，突然来袭的寒冷天气。这种气象现象常常导致气温骤降，甚至可能出现霜冻，对春季农作物、植被和人们的生活带来不利影响。倒春寒是一种气象极端现象，其发生通常涉及大气环流和气候系统的复杂变化。

倒春寒的主要特征是在春季初期或中期，气温骤然下降到寒冷的水平，使得原本温暖的气候受到严重干扰。这种现象可能表现为寒潮的侵袭，也可能是气压场、风场的急剧变化所致。倒春寒的发生通常与大气环流的异常有关，例如极地涡旋的南下或西伸，导致冷空气南下，影响温暖的春季气候。一些研究表明，全球气候变暖可能增加了极端天气事件的频率，倒春寒作为其中一种极端天气现象，也可能在未来更为频繁发生。

在气象学上，倒春寒往往伴随着大范围的气温下降和大风天气，对尚未成熟的庄稼和春季播种定植的农作物，可能产生不利影响，甚至导致作物的凋萎和冻伤。此外，倒春寒还可能对水域和温带植物的生长产生负面影响。

倒春寒

10 QUESTION 什么是连阴天？

连阴天是指天空连续多日都被厚厚的云层覆盖，阳光难以穿透，天空呈现灰蒙蒙的状态。这种天气现象通常伴随着阴沉、潮湿的气象现象，会导致植被光合作用下降。

连阴天的形成与大气环流、地表气温等多种因素的相互作用密切相关，主要与大气中的云层覆盖有关。通常，连阴天是由于低层大气中存在较厚的云层，这些云层阻挡了太阳光线的直接照射地面。这些云层主要包括层状云、积云和雾。层状云通常形成在稳定的气象条件下，云底较低，整个天空呈现一片均匀的云覆盖。积云则多在局部地区上空形成，由于垂直发展，可以使天空变得灰蒙蒙。雾则是地表空气中水蒸气凝结成水滴形成的，会显著影响能见度。

连阴天期间，日照时数减少、光照强度降低，植株叶片的光合作用减弱，营养积累较少，导致植株生长缓慢、长势偏弱，瓜类、豆类、茄果类等以果实为主要产量的蔬菜易出现落花落果、果实偏小等问题，同时也易发生病虫害。

连阴天

11 QUESTION 沙尘暴天气的特点是什么？

沙尘暴是指在干燥、沙漠化地区，由于大风作用，导致地表的沙尘颗粒被搬运至空中形成沙尘云，从而影响大范围区域的能见度、气温和空气质量的极端气象现象。它的形成通常与特定的气象条件和地形有关，主要包括大风、干燥的地表、低湿度和裸露的土壤。这种天气现象通常伴随着大风、低温和高浓度的沙尘，给交通、农业和人类健康等带来严重影响。

沙尘暴的最明显特征是强风引起的大规模沙尘飞扬。强风能够携带大量沙尘颗粒，使其在空中形成浓厚的沙尘云。这种沙尘云可能高达数千米，对大范围区域的能见度造成显著影响。沙尘暴天气下，由于风沙弥漫，空气中的颗粒物浓度急剧增加，导致能见度急剧下降。在极端的情况下，能见度可能减少到几十米，对交通和日常生活造成严重干扰。发生沙尘暴时，由于大规模的风沙携带，会导致气温出现短时间的波动。白天受到沙尘的遮挡，地表受到沙尘吸热，温度可能升高；而在夜晚，由于缺乏云层的保温效应，地表散热迅速，温度骤降。

沙尘暴

沙尘暴中的沙尘颗粒通常较小，能够携带大量有害物质，如细菌、病毒和重金属等。这些颗粒物进入人体后，可能引发呼吸系统疾病，对人体健康产生负面影响。沙尘暴对土壤和植被造成的影响也是显著的。大风扬起的沙尘可能对农田、森林和其他生态系统造成破坏，加速土壤侵蚀和沙漠化。

12 QUESTION 干旱和旱灾的区别是什么？有什么特点？

干旱是一种因长期无雨或少雨，造成空气干燥、土壤缺水的气候现象。在农业气象上，研究作物受旱机制时，通常分为大气干旱、土壤干旱和生理干旱。大气干旱主要是空气十分干燥，作物蒸腾强烈，致使体内严重缺水而受害；土壤干旱是耕层缺水，作物根系吸收不到足够水分以补偿蒸腾的消耗，致使体内水分状况恶化而受害；生理干旱是土壤不缺水，但因其他不良土壤状况，使根系吸不到水，造成作物体内缺水而受害。

旱灾是指土壤水分不足，不能满足农作物生长的需要，造成较大的减产或绝产的灾害。旱灾是普遍性的自然灾害，不仅农业受灾，严重的还影响到工业生产、城市供水和生态环境。中国通常将农作物生长期内因缺水而影响正常生长称为受旱，受旱减产三成以上称为成灾。经常发生旱灾的地区称为易旱地区。

我国旱灾发生的时期和程度有明显的地区分布特点。秦岭淮河以北地区春旱突出，有“十年九春旱”之说。黄淮海地区经常出现春夏连旱，甚至春夏秋连旱，是全国受旱面积最大的区域。长江中下游地区主要是伏旱和伏秋连旱，有的年份虽在梅雨季节，还会因梅雨期缩短或少雨而形成干旱。西北大部分地区、东北地区西部常年受旱。西南地区春夏旱对农业生产影响较大，四川东部则经常出现伏秋旱。华南地区旱灾也时有发生。

干旱预警信号分二级，分别以橙色、红色表示干旱指标等级划分，以国家标准《气象干旱等级》（GB/T 20481—2006）中的综合气象干旱指数为标准。①橙色：预计未来一周综合气象干旱指数达到重旱（气象干旱为25～50年一遇），或者某一县（区）有40%以上的农作物受旱。②红色：预计未来一周综合气象干旱指数达到特旱（气象干旱为50年以上一遇），或者某一县（区）有60%以上的农作物受旱。

干　旱

QUESTION 13 什么样的天气容易发生冰雹？

冰雹是一种极端天气现象，通常在特定的气象条件下发生。其形成与大气中存在的冰核、水滴的凝结和冷却等复杂的物理和气象过程密切相关。冰雹的形成通常需要一系列复杂的气象条件，包括强烈的上升气流，存在冰核的云层，适宜的温度、湿度和风速。

冰雹的形成通常需要存在一定的气流上升运动。当空气中的水汽饱和度较高时，上升的气流会使得水蒸气凝结成小水滴，这些水滴在上升过程中遇到低温区域，进一步冷却并凝结成冰粒。

冰 雹

这就是冰雹的起始阶段。此外，冰雹的形成还与存在冰核的情况密切相关。冰核是一些微小的颗粒，可以作为冰雹的起始点。这些冰核可以是空气中的尘埃、颗粒物，甚至是高空的冰晶。在上升气流的作用下，水滴会在这些冰核上结晶，逐渐形成冰雹。

温度是冰雹形成的关键因素之一。在较高的海拔或寒冷的气候条件下，上升气流中的水滴更容易冷却并结冰。一般而言，冰雹的形成需要在云层中存在足够强烈的上升气流，并且上升的高度越高，冰雹的直径可能越大。另外，湿度也是冰雹形成的重要因素。在潮湿的条件下，水蒸气容易凝结成水滴，并在上升的气流中形成冰雹，湿度的增加可以促使更多的水蒸气参与冰雹的形成。风也是冰雹形成的关键因素，同时还能影响冰雹的大小和形状。风的方向和速度会影响冰雹颗粒在云层中的运动轨迹，最终影响冰雹的形成。

QUESTION 14 大风天气对农业生产有哪些影响？

大风天气是指在某一时段内，风力较大、风速较高的天气状况。大风通常是由气象系统中气压梯度差异引起的，例如高压区和低压区之间的气流运动。大风天气可能在不同的气象条件下出现，包括冷锋通过、强低压系统移动、山地通风等。

大风天气是一种极端气象条件，对农业生产可能带来多方面的不利影响。这些影响涉及农作物、土壤、水资源和农业设施等。一是大风天气可能直接导致农作物的损伤和减产。特别是在作物生长初期，风力强大时，嫩茎嫩叶很容易受到破坏。高风速还可能引起农作物的倒伏，导致植株折断，影响正常的生长和发育。某些作物对大风更为敏感，如果树、玉米等。这些作物在大风天气下更容易受到损害，对果实的发育和成熟产生不利影响。二是大风会带走表层土壤，导致土壤侵蚀。这对土壤的肥力和结构都带来负面影响。被风扬起的沙尘还可能对农田中的作物造成机械损伤，同时也可能在空气中形成沙尘暴，对人类健康和环境产生危害。三是强风可能加速水分蒸发，特别是在干旱地区，会导致土壤中的水分迅速流失，影响植物的正常生长。农作物在强风的作用下，容易出现脱水现象，进而影响产量和品质。四是某些农作物依赖风传播花粉，以实现受精和结实。然而，在大风天气下，花粉的传播可能受到阻碍，影响农作物的授粉，进而影响产量。此外，大风还可能对农业设施，如大棚、温室、灌溉设备等造成损坏。这不仅增加了农业生产的成本，也影响了正常的农业经营。

小麦倒伏

玉米倒伏

QUESTION 15 干热风的判断标准是什么？

干热风，又被称为干旱风、热干风，在习惯上也被戏称为“火南风”或“火风”，是一种常见的农业气象灾害，表现为一种炽热而干燥的气流。其主要发生在小麦扬花灌浆期，会对小麦的成熟和产量造成不利影响。在干热风出现时，气温显著升高，湿度急剧下降，伴随着一定的风力。这种情况下，植物的蒸腾作用加剧，根系吸水受阻，甚至引发作物的严重受损和死亡。干热风的发生和危害程度还与前期降水情况有关，如果在干热风发生前有较多降水，可一定程度上减轻其危害。

干热风可以分为两种主要类型，即高温低湿型和雨后青枯型，但无论哪种类型，高温都是其主要危害因素。在干热风危害的气象指标方面，不同研究地区之间存在一定的差异，特别是冬麦和春麦的标准不同。

例如，对于高温低湿型的干热风，采用中国气象局2019年发布的气象行业标准《小麦干热风灾害等级》（QX/T 82—2019），其中华北、黄淮及陕西关中冬麦区按以下标准来判断：

当20厘米土壤相对湿度＜60%时：轻度干热风标准为日最高气温≥31℃，14时空气相对湿度≤30%，14时风速≥3米/秒；中度干热风标准为日最高气温≥32℃，14时空气相对湿度≤25%，14时风速≥3米/秒；重度干热风标准为日最高气温≥35℃，14时空气相对湿度≤25%，14时风速≥3米/秒。

当20厘米土壤相对湿度≥60%时：轻度干热风标准为日最高气温≥33℃，14时空气相对湿度≤30%，14时风速≥3米/秒；中度干热风标准为日最高气温≥35℃，14时空气相对湿度≤25%，14时风速≥3米/秒；重度干热风标准为日最高气温≥36℃，14时空气相对湿度≤25%，14时风速≥3米/秒。

雨后青枯型干热风，通常指在小麦成熟前10天内发生一次降雨过程，随后天气由雨转晴并升温，2～3天内日最高气温达到30℃以上。

小麦干热风为害状

QUESTION

16 台风是怎样形成的？哪些地区台风灾害发生频繁？

台风的形成源于暖热的海水表面。当海水温度超过26.5℃时，水面蒸发释放水蒸气，形成热带扰动。扰动逐渐加强，形成旋转风系统，中心形成相对平静的“台风眼”，周围是快速旋转的风眼墙。当风速达到一定强度时，形成台风。成熟的台风在热带大气环流中被迫移动，通常向西移动。整个过程中，海水的温暖、空气的湿度、自转等因素相互作用，形成复杂而动态的台风生成机制。

台风往往具有突发性强、破坏力大的特点，是世界上危害最严重的自然灾害之一。

台风不仅带来狂风暴雨、风暴潮等直接灾害，还会引发渍涝、山体滑坡、泥石流等次生灾害，对生命财产安全构成严重威胁。台风灾害频繁发生的地区主要集中在西北太平洋、东北太平洋和印度洋地区。在我国，台风主要发生在东南沿海地区，包括福建、广东、浙江、海南等省份，几乎每年都会在夏秋季节受到台风的影响。

台 风

17 QUESTION 暴雨天气的特点是什么？

暴雨是指短时间强烈的降雨，常在积雨云中形成。根据《降水量等级》（GB/T 28592—2012）规定，12小时内降水量30.0 ~ 69.9毫米或24小时内降水量50.0 ~ 99.9毫米为暴雨，12小时内降水量70.0 ~ 139.9毫米或24小时内降水量100.0 ~ 249.9毫米为大暴雨，12小时内降水量≥140.0毫米或24小时内降水量≥250.0毫米为特大暴雨。但由于各地降水和地形特点不同，所以各地暴雨洪涝的标准有所不同。

暴雨天气最显著的特征是雨势强烈、雨量大，短时间内的降水量可能非常巨大，导致洪水等其他水患；可能在几小时内或者更短的时间内发生，即在相对短的时间内集中释放大量的降水；降水呈现局部性，即雨带或降水中心可能在一个相对较小的地理区域内；由于雨势强烈，暴雨天气通常伴随着能见度的下降。此外，暴雨天气通常伴随着雷电和风暴。

从暴雨天气发生的时空分布特点来看，全国暴雨过程主要出现在4 ~ 10月（月平均暴雨次数2次以上），其中7、8月

暴 雨

发生最为频繁。通常暴雨持续时间一般在2～3天，但6月暴雨过程持续时间长、范围广、综合强度强，通常与长江中下游的梅雨有关。不同地区暴雨天气出现的时间有差异，华南、江南暴雨过程主要出现在3～11月，江淮、黄淮主要出现在4～8月，西南地区暴雨主要发生在5～9月，而华北、东北、西北地区东部暴雨发生时间主要在6～8月。

18 QUESTION 什么是渍涝害？与洪灾和涝灾有什么区别？

渍涝害是我国最主要的农业气象灾害之一。渍涝害是由于降水过于集中或持续时间长，导致农田积水或作物根层土壤持续处于过湿状态，作物根系被水长期浸泡缺氧，造成作物生理或形态损伤，引起作物生长不良、严重减产或死亡的农业气象灾害。

渍涝害与洪灾和涝灾有明显的区别。洪灾的主要特征是通过洪水冲毁和淹没，对农田设施和作物造成物理性损毁或损伤。涝灾的主要特征是作物植株部分或全部遭受淹没，并引起植株倒伏，造成植株气孔关闭和部分器官或组织受损。而渍涝害的特征是田间有较少积水甚至没有积水，但地下水位超过作物耕作层以上，土壤水分处于接近饱和或超饱和状态。

渍涝害发生要同时考虑孕灾环境、致灾因子和承灾体。其中涝渍害的承灾体通常是农作物。孕灾环境通常为相对平坦的地形、相对黏重的土壤，农田附近有丰富水系统如河网渠等，有充沛的雨水条件和湿润的环境。致灾因子包括自然致灾因子和人为致灾因子，其中自然致灾因子有水淹没深度、积水或渍水时长、耕作层土壤水分含量、地下水位埋深等，人为致灾因子没有及时排水措施、补救措施等。

渍涝害对农作物的影响首先体现在根系生长受阻，导致根系的总根长、总表面积和总根数减少。根系作为农作物吸收水分、养分和传输能量的主要器官，一旦受到损害，会引发叶片的萎蔫和发黄。这进一步导致植株的光合作用和蒸腾作用减弱或完全停止，最终导致植株生长发育受阻，地上和地下部分的干物质积累减少，从而影响农作物的产量，甚至可能导致绝收。另外，渍涝害的影响与作物所处的生育期有关，因作物的不同，危害也存在差异。水稻和高粱抗涝能力较强，小麦、大豆和玉米抗涝能力中等，棉花、薯类和花生等抗涝能力弱。但长时间淹水作物均会受影响，可造成根系早衰、叶片早枯等，甚至出现植株倒伏，抗病力减弱，最终影响产量。

渍涝害

19 QUESTION 高温热害天气的标准是什么？

农业高温热害通常与气温和湿度等气象条件有关。标准可能会因地区和作物的不同而有所变化。用于评估农业高温热害的标准主要包括以下4项：

（1）最高气温及作物阈值　较高的气温可能对农作物生长产生负面影响，具体的最高气温标准可能会因作物而异。某些作物对高温的敏感度较高，因此当气温超过某个阈值时，就可能引发高温热害。

（2）空气湿度　高温天气搭配低湿度可能增加土壤和植物的水分蒸发速度，从而影响农作物的生长。一些标准可能会考虑气温和相对湿度的组合，以更全面地评估热害的风险。

（3）持续时间　高温热害的影响还与高温的持续时间有关。长时间的高温可能导致土壤干旱、水分蒸发过快，以及植物生理过程的紊乱，从而对农作物产量产生负面影响。

（4）土壤湿度　土壤的水分状况也是农业高温热害评估的重要因素。干旱条件下，高温对作物的影响可能更为显著。

不同作物受到高温热害的影响不同，其中水稻因其对高温的高度敏感而受到特别关注。水稻发生高温热害的气象指标是日最高气温连续3天以上达到或者超过35℃。水稻的整个生长发育过程中，以开花期对高温最敏感，灌浆期次之，生长期受高温热害的程度最小。从产量构成来看，结实率对高温最为敏感，穗粒数次之，千粒重排在第三位，而株穗数受高温热害的影响相对较小。此外，玉米和小麦在生长过程中也常常受到高温热害的影响。在不同地区、不同生育期以及不同品种的作物中，高温热害的判定标准也会有所不同。

20 QUESTION 什么是日灼？

日灼是植物受高温伤害的一种现象，日灼常发生在热带、亚热带以及温带地区的水果生产中，在辣椒等蔬菜上也有发生。太阳辐射过强和果面高温是导致日灼病发生的直接诱因，同时空气温度、湿度和风速等其他气象条件也会通过影响果面温度进而影响日灼的发生。

夏秋高温干旱季节，日光直射裸露的果树枝干和果实，使表面温度达40℃以上时，即可引起灼伤。在天气极度干旱，持续高温，空气相对湿度在50%以下，地下供水不足，蒸腾作用减弱时，直射的强光可引起苹果、梨等果树的叶片灼伤。冬季幼树枝干的日灼，与树皮温度剧变、冻融交替有关，因此都发生在向阳面的枝干上。

依据日灼病的症状轻重，可以将日灼病从轻到重分为6个等级，分别为0级完全无日灼，1～4级为程度不同的褐变型日灼，5级为坏死型日灼。轻度褐变型日灼病的果实，叶绿素a、b含量和花青素的累积速度降低，变化更为明显；白化型日灼伤主要因果面光照条件突然变化引起的；褐变型日灼是果面经过强烈的太阳光辐射之后出现的黄、褐或棕色斑块，病变部位除了色泽变化外，可能还伴随着细胞的受热损伤。坏死型日灼实际上是一种热伤害，在直射光照射下，果面温度迅速上升，达到临界温度导致受害部位变白、变褐，呈热水烫伤状，随着病部失水干枯最终形成暗黑色或褐黑色凹陷病斑。

日　灼

CHAPTER 02「第二章」

粮食作物防灾减灾技术

QUESTION

21 厄尔尼诺现象对小麦和水稻生产有哪些影响？

厄尔尼诺现象发生后，当年冬季我国北方地区容易出现暖冬。暖冬造成部分播种偏早的麦田麦苗生长发育过快，抗寒性降低，若遇冬季或早春低温寒流天气，容易造成冻害死苗。其次受厄尔尼诺现象影响，南方夏季易出现连续高温阴雨天气。在南方早稻区，当6月强降雨频发时，在水稻上会产生“雨洗禾花”现象，这是一种在水稻抽穗开花期，受强降雨影响导致水稻减产的农业气

厄尔尼诺现象造成小麦冻害死苗

象灾害。具体而言，雨水冲刷易造成部分花粉流失，花粉活力下降，且高湿度致花朵不易张开，花粉传播距离缩短，不利于授粉结实。水稻抽穗开花期的适宜温度范围为25～30℃，气温一旦高于35℃，会造成育性下降，受精不良，导致结实率降低，进而造成减产。

小麦田间健康苗（左侧）和冻害死苗（右侧）

厄尔尼诺现象对水稻的影响

QUESTION
22 小麦和水稻生产如何应对厄尔尼诺现象？

小麦管理要注意以下三点：一是镇压。小麦生长过快，就用机械镇压，既能压实土壤，促进根系发育，还能破坏茎叶，抑制小麦生长。要注意的是，镇压是压旺不压弱，弱苗和细苗绝不能镇压；镇压要选择晴朗天，雨天镇压会造成土壤板结，麦苗茎叶受伤过度。二是调控水肥。小麦长势旺，就要适当推迟或者取消越冬水和越冬肥。通过减少水肥，控制小麦营养物质摄入，以达到控旺的效果。同时，还可适当调整返青水和返青肥的时间，以免徒长。三是喷施生长调节剂。对旺长严重地块，可于冬前叶面喷施多效唑、烯效唑等生长调节剂，抑制地上部分生长。

针对有“雨洗禾花”中高风险的早稻产区，要做好以下三项工作：第一，要做好疏通沟渠，及时排出田间积水；第二，要在出现淹涝时利用农机抽水排水，减少淹涝时间，雨后及时扶苗洗苗，并适时追肥，减轻灾害影响；第三，根据长势及时喷药和施肥，以减轻危害，促进早稻抽穗开花结实。强降水天气和梅雨季节易发生稻飞虱、稻纵卷叶螟、稻瘟病及纹枯病危害，要做好病虫害的监测与防治工作。

冬前机械镇压小麦

冬前镇压后效果

QUESTION 23 拉尼娜现象对小麦生产有哪些影响？如何防范？

拉尼娜现象导致我国南方出现了多次历史上罕见的大范围低温雨雪冰冻天气，而北方春季持续干旱少雨，对我国小麦生产带来不利影响。主要表现在南方冬小麦受到不同程度的冻害，部分播种偏早的小麦受冻较重，同时造成麦田渍害；北方冬小麦春季干旱，影响正常生长。因此，北方冬小麦要重点防范春旱，南方小麦要重点防范低温冻害。

防范春旱的三种措施：①浇水抗旱。加强旱情监测，提前检修灌溉设施。一旦旱情发展，在有灌溉条件的田块，采取一切措施，集中有限水源浇水保苗，推广喷灌、滴灌、垄灌、隔垄交替灌等节水灌溉技术。水源不足的地方采取输水管或水带灌溉，扩大灌溉面积，减轻干旱损失。②农艺保墒。及时采取耙耱、镇压、中耕划锄等措施，有灌溉条件的田块，在灌溉后采取浅中耕，切断土壤表层毛细管，减少蒸发。③化控增湿。叶面喷施抗旱保水剂，也可用尿素、磷酸二氢钾溶液或过磷酸钙连续进行多次喷雾，降温增湿，为叶片提供必须的水分及养分。

防范低温冻害的三种措施：①强化田间管理，促生壮苗。干土层小于5厘米的麦田，要在回暖天气镇压弥缝，促使水分上升，雪后勿压；干土层大于5厘米的麦田，要在回暖天气管灌、喷灌5～10毫米水层，不要过量。旺长麦田要及时开展早春镇压蹲苗，实现控旺转壮。对弱苗及时追肥，合理调控肥水，促进苗情转化升级，提高抗寒防冻能力。②综合防冻。密切关注天气变化，降温之前及时灌水，改善土壤墒情，调节近地面层小气候，减小地面温度变化幅度，防御早春冻害。浇过“越冬水”的麦田，抓紧开展划锄，促进根系发育和养分转化，提高地温和保墒，减轻冻害影响。③调控肥水。返青水要提前控量，适当补肥以弥补越冬干物质损失。对遭受冻害的麦田，及时追施适量氮肥，然后浇水，促进受冻小麦恢复生长。

干土层厚度达9厘米

喷　灌

冬末镇压

QUESTION 24 冻害对小麦有什么影响？症状是什么？

小麦各生育时期都有其适宜的温度范围，当外界温度超过这一时期小麦所能忍受的极限最低温度时，就会发生冻害，严重地影响小麦的正常生长发育，对小麦的生产造成损失。

（1）分类　小麦冻害按时期可分为冬季冻害和春季冻害。

①冬季冻害。即在小麦越冬期（12月20日后至翌年小麦返青前），麦苗遭受长时间0℃以下强烈低温或剧烈变温，使其细胞间或细胞内发生结冰、生物膜和蛋白质结构被破坏，引起叶片、茎生长点、根部以及分蘖节等部位坏死，造成小麦减产，甚至绝收。

②春季冻害。即在小麦返青拔节后发生的冻害，俗称倒春寒，此时期是春季小麦生长的低温敏感时期（雌雄蕊分化期至药隔期），若此时期受冻，将直接危害小麦幼穗的发育和小花的形成，造成抽穗期和开花期延迟，灌浆时间缩短，结实率降低，千粒重下降，严重影响小麦生产。

冻害造成死苗死茎

冻害引起小麦花药不能正常发育

(2) 分级 在极限低温发生5～7天后，根据田间超过4/5的植株叶片所表现的受冻程度进行划分，小麦冻害可分为5级(表1)。

表1 小麦冻害分级

级别	表 现
1	基本无冻害，全田绿叶多，叶尖受冻发黄，能在当地安全越冬
2	冻害级别轻，叶片绿叶部分多于冻死部分，整株绿叶多，枯叶较少，能在当地安全越冬
3	冻害级别中等，叶片冻死50%，枯叶和绿叶所占比例相近，在当地冷冻年份越冬有风险
4	冻害级别较重，叶片绿叶部分少于冻死部分，下部叶片整片枯死，绿叶少于枯死叶片，地上可见整片的枯叶，在当地种植越冬风险较大
5	冻害级别重，叶片全部冻死枯黄，田间见不到绿叶，在当地种植越冬风险大

QUESTION 25 如何预防小麦发生冻害？

冻害通常是在麦苗抗寒能力下降的情况下，受低温、干旱等不利条件综合作用的结果。因此，防冻保苗措施应从多方面入手。

（1）选用抗寒性品种 选用通过本地区审定或国家审定适合在本地区种植的抗寒丰产品种，同时要求种子质量要求达到国标二级以上。

（2）培育壮苗，提高植株的越冬性

①播前施足底肥。在增施有机肥的同时，要注意施用磷肥和钾肥。磷肥能提高原生质胶体的亲水性，促进冬小麦植株脱水，同时延迟生长锥的分化，促进冬眠，因而增进其抗寒性。钾肥有利于植株内碳水化合物的积累和细胞液浓度的增加，从而提高植株的抗寒性。

②整地。适当加深耕层，耕深不低于20厘米，要求平整无明暗土块，土壤上松下实。

③适期适量适深播种。不同地区适宜播种期不同，适期播种的小麦冬前5～7叶龄蘖节粗壮，抗寒性较强。播种过早，冬前过旺提前穗分化，初冬主茎易受冻；播种过晚，晚弱苗不耐冻旱消耗，易形成冬春旱死株。小麦适宜的播种深度为3～5厘米。播种过深不易发苗，营养消耗太大易造成1蘖缺位、弱苗或窝苗；播种过浅冬季分蘖节越容易受干旱和寒冷影响造成死苗死茎。结合土壤地力确定播种量，一般10～15千克/亩，播期推迟可适当增加播种量。

④浇好越冬水。依据土壤墒情、苗势强弱，于小麦播种后30～50天浇冬水。冬水能平抑地温变化，利于麦苗越冬长根，保暖防冻、减少枯叶、防止死苗。浇冬水后适时中耕，破除板结。在培育壮苗上各地都应注意调节分蘖节的深度，分蘖节适宜深度为2.5～3.0厘米，过浅不利于安全越冬，过深不利于培育壮苗。

（3）加强春季管理，预防倒春寒

①科学追施拔节肥。在群体叶色转淡，小分蘖开始死亡，分

蘖高峰已过，基部节间定长时施用拔节肥，一般随雨撒施或浇水时撒施，施用尿素8～10千克/公顷。

②预防春季干旱。视春季土壤墒情，浇足水分，利于春季小麦生长，同时，可有效防止晚霜对小麦冻害造成的影响。

③增施叶面肥。冻害发生后，及时喷施植物生长调节剂和磷酸二氢钾，可使小麦直接吸收利用，增强叶片活性，延长功能期，增强光合作用，缓解冻害的危害，促进幼穗发育。

（4）改良麦田小气候 播种前注意提高整地质量，冬前要及时松土破板结、冬季要耙耱压麦弥缝。在土壤日消夜冻时期，要浇好冻水以稳定地温。麦苗入冬停止生长前，应适当覆土以加深分蘖节深度，但翌年返青时要注意清土。在冬麦种植北界地区实行沟播。

（5）施用化学药剂 矮壮素和氯化钙制剂处理种子有利于提高植株的抗寒性。另外，微量元素有助于植物体内无机氮和磷的再利用，所以施用少量的锰盐，有增强抗寒性的良好效果。

除上述各项措施外，营造防护林以及采用在灌浆期进行过冷锻炼的种子，都可以起到防冻保苗的作用。

QUESTION 26 什么是抗寒锻炼？对小麦有什么作用？

植物在冬季来临之前，随着气温的逐渐降低，体内发生了一系列的适应低温的生理生化变化，抗寒力就逐渐加强。这种提高抗寒能力的过程，叫做抗寒锻炼。冬小麦的抗寒性是影响产量和品质的重要因素。通过科学的冬季抗寒锻炼，可以显著提高作物的抗寒能力，尤其是在北方地区的严寒天气下。具体来说，冬季抗寒锻炼后的冬小麦穗粒饱满、出苗时间早、根系强、抗风化能力强、抗病虫害能力更加稳定、抗寒能力提高等，从而让农民获得更高的收益。当然，进行这一过程时需要同时考虑到田间环境、气候和地理特征，因地制宜，才能收到最好效果。

27 QUESTION 春季冻（冷）害对小麦生长发育有哪些影响？

春季冻（冷）害是在春季气温回升过程中，24小时气温降幅超过10℃以上，最低气温降至0℃（拔节期）或5℃（孕穗期）以下的自然灾害，会造成小麦叶片、幼穗或茎秆受冻，引起植株失水枯死、停止生长等。山西省南部麦区3月中旬至4月中旬，最晚4月下旬，每年都有不同程度发生，此时小麦正值起身期至孕穗期，冻害可导致主茎及大分蘖受冻死亡，使成穗数减少而减产。其中3月底前的冻（冷）害主要造成叶片受冻，因小麦大小蘖未完成两极分化，小蘖对产量补充调节能力强，冻害对产量影响相对较小，一般减产10%～20%；进入4月尤其是清明节前后，是小麦对低温最敏感时期，气温降至5℃以下，就可能造成幼穗受冻死亡、缺位穗或半截穗，可造成30%～50%减产。因此，应提高防范意识，提前做好防控准备。

春季冻（冷）害引起麦穗顶部败育及麦穗中部败育

28 QUESTION 应对小麦冷害防灾减损技术有哪些？

（1）浇水预防冷害，促增穗增粒 未浇水、墒情较差的麦田，低温到来之前应尽可能浇水。推荐采用喷灌、滴灌等方式浇水20～30米^3/亩，若出现缺肥现象，可结合浇水追施尿素5～7.5千克，防冻促长，提高成穗数、增加穗粒数。

（2）喷施叶面肥，提高抗逆性 浇过水、墒情好的麦田，以及无灌溉条件的旱地麦田，应在降温前叶面喷施植物生长调节剂。推荐喷施磷酸二氢钾＋尿素＋芸苔素内酯、碧护或活力久久等植物生长调节剂，可保持植物细胞膜稳定，增强抗寒抗旱等抗逆性，并能修复低温对小麦造成的损伤，对小麦恢复生长具有明显的促进作用，使中、小分蘖迅速生长成穗，减少损失。

（3）密切关注，积极补救 ①低温过后应尽快剥穗，调查幼穗、幼茎受冻情况，根据受冻情况进行补救，减少损失。轻度冷害，可采取喷施叶面肥和生长调节剂补救，中重度冷害则应立即浇水，追肥补救。②加强病虫草害防治。小麦受冷害后，自身长势衰弱，抗病能力下降，易受病菌侵染，要及时进行药剂防治。尤其是已经抽穗扬花的麦田，应在天晴后立即药剂喷雾防治赤霉病发生。

29 QUESTION 什么是玉米冷害？有哪些症状？

玉米冷害是在玉米的生长发育期间，受持续低温影响而发育延迟，或在生殖生长敏感期因短时低温使植株不能正常授粉结实而造成减产的农业气象灾害。玉米在日平均气温15～18℃为中等冷害，13～14℃为严重冷害。各生育阶段以发育速度下降60%为冷害指标：苗期为15℃，生殖分化期为17℃，开花期为18℃，灌浆期为

16℃。以玉米拔节期为准，轻度冷害为21℃，重度冷害为17℃，严重冷害为13℃，其发育速度依次下降40%、60%和80%。

玉米在播种至出苗期遇到冷害，会出现种子发芽率、发芽势降低，出苗延迟。幼苗期易受低温的危害，特别是0℃以下的极端低温，在细胞和分子水平上，表现代谢下降、细胞膜通透性降低和蛋白质降解，植株表观症状为生长延缓，苗小苗弱，叶片轻微发红或发黄，出现水渍状斑块，严重时整株幼苗发黄干枯，根系肿大呈鸡爪状，根毛迟迟不长，甚至因幼苗生长受阻而不能成活。

冷害程度主要取决于低温及其持续时间的长短，低温强度是幼苗致死的先决条件，低温持续时间是影响幼苗存活率的重要因素。展叶期至吐丝期，低温持续时间长，株高、茎秆、叶面积及单株干物质重量会受到影响。在开花和结实阶段，低温会对玉米的花粉活力和授粉过程产生不利影响。低温会抑制雄蕊发育，使花粉生成数量减少，花粉发育不完全，活力受损，授粉率和结实率都会降低，影响产量。吐丝至成熟期，遭遇低温会导致有效积温不足，特别是灌浆期遭遇低温会导致叶片光合作用下降，植株干物质积累速率减缓，籽粒灌浆速率下降，粒重降低，进而造成减产。

玉米冷害

QUESTION 30 玉米冷害的应对技术措施有哪些?

玉米冷害常发生在玉米苗期，根据受害严重程度可分为以下三类：一是轻微受冻玉米苗。田间症状表现为叶尖及边缘冻死干枯，但心叶未冻死。在正常播种情况下，玉米出苗至4叶期以前，其生长点处在地表以下约3厘米，遭遇短时间冷害后生长点受害较轻，影响不大。这类玉米苗田块，对生育期推进和后期产量基本无影响，可进行常规肥水管理。二是中等受冻玉米苗。田间症状表现为叶尖甚至整叶干枯，但尚未冻死生长点。这种情况可在气温回升后喷施磷酸二氢钾等叶面肥促进玉米生长，并提早进行追肥，促进玉米早生快发和早熟增产。三是严重受冻玉米苗。田间表现为生长点呈水渍状变褐，此时生长点已冻死，无法恢复正常生长。这类田块应调查发生冻害玉米苗的比例，如果超过40%，应及时毁种重播。此外玉米苗期受冷害后，抗逆性有所下降，应根据田间情况，密切关注天气变化，加强病虫的预测预报并及时做好防控。在杂草防除上，未进行封闭除草或封闭除草效果不好的田块要及时进行苗后除草，防止草荒欺苗，影响玉米生长。

此外，针对冷害可采取以下措施进行预防：一是搞好品种区划。使品种所需的积温与当地积温相协调，避免选择晚熟丰产品种。二是种子处理。用硫酸铜、氯化锌等药剂浸种，提高低温下种子发芽力。三是根据当地气象条件。安排适宜播种期，避免冷害威胁。此外，合理施肥、覆膜栽培也是应对冷害的有效措施。

QUESTION 31 冷害对水稻生产的危害有哪些?

冷害是指水稻在生育期遭受连续低温或短期低温影响，导致生长发育延迟或发生生理障碍而造成减产的现象。具体表现为小穗增多、灌浆不完全、空秕率高。我国稻区常见的低温冷害有育秧期的“倒春寒”，返青分蘖期的“五月寒”和低温连阴雨，孕穗期的寒潮，晚稻抽穗开花期以及灌浆成熟期的寒露风。

冷害导致水稻小穗退化

QUESTION 32 如何应对水稻冷害？

针对水稻冷害主要的应对措施：

（1）选用抗冷优质高产品种 一般早、中熟品种较晚熟品种抗寒能力强，播种时可选用2～3个早、中熟品种搭配种植，保证水稻稳产。

（2）抗寒育秧，适时栽插 有条件尽量采用薄膜育秧、地膜育秧或温室育秧，插秧时要抢冷尾暖头时节，合理密植，提高秧苗抗寒性。调整晚稻播种期，使晚稻抽穗开花期避开低温高发时段。

（3）合理灌溉，以水调温 要坚持做到芽期湿润不淹水，二叶期之后灌浅水，寒潮前后灌水护秧，寒潮过后慢慢排水，露田促根。

（4）科学施肥 低温天气，注意增施磷钾肥，氮肥用量可比常年少施20%；追施起身肥，增施有机肥以及硼、硅和锌等微量元素肥料，提高水稻茎干韧性和提高分蘖数。孕穗期遇低温喷施8%过磷酸钙或0.2%磷酸二氢钾，提高水稻对冷害的抵抗能力。

（5）叶面喷施保温剂 这是一种有效缓解冷害的措施，应选在晴天早上进行喷施。

QUESTION 33 “倒春寒”对小麦生产有哪些影响？

“倒春寒”是指在天气回暖的过程中，因寒潮侵入，气温骤然大幅降低，对小麦生长造成危害，主要发生在3～5月小麦返青末期至孕穗期。在拔节前的阶段，“倒春寒”可能导致叶片出现冻害，表现为似开水浸泡过的干枯状态，当温度降至足够低时，甚至会导致生长点或幼穗的冻害，从而影响小麦的抽穗和穗部发育。小麦拔节后若地表温度降－2℃以下，易导致主茎及大分蘖冻死，造成穗数不足，一般减产10%～30%，重者达50%以上。孕穗期若地表温度降至0℃以下，会影响小穗小花发育，造成结实粒数减少，整穗不实，形成半截穗。此外，“倒春寒”还可能增加病虫害的发生率，影响小麦的品质。

QUESTION 34 小麦生产如何应对“倒春寒”？

对于早春发生冻害的麦田，应加强肥水管理，及时采取补救措施，要因苗施肥浇水。各地要因天、因地、因苗开展小麦分类肥水管理，促弱苗早发增蘖，稳壮苗，保蘖增穗，控旺苗稳长壮蘖，力争促弱转壮、保壮健长。春季应仔细观察小麦受冻情况：

①对于部分主茎和大蘖已经死亡、小蘖仍然存活的麦田，不要毁种，应在返青时及时追施化肥，促进小蘖生长发育。每亩推

荐追施尿素7.5～10千克，缺磷的麦田可配合施用磷酸二铵或过磷酸钙，以促进根系生长。春季墒情较好时，肥料可开沟施入，缺墒时可随水施肥。拔节期每亩再追施尿素10千克，以促进分蘖成穗结实。

②对于冻害较轻、主茎和大蘖绝大多数存活的麦田，可按正常管理，早春加强中耕，保温提墒，促苗稳长。

QUESTION 35 干热风对小麦生产有哪些影响？

北方地区冬小麦干热风灾害类型分以下两种：

（1）高温低湿型 在小麦扬花灌浆过程中都可能发生，一般发生在小麦开花后20天左右至蜡熟期。干热风发生时气温突升，空气相对湿度骤降，并伴有较大的风速。发生日，日最高气温可达30℃以上，甚至可达37～38℃，14:00空气相对湿度可降至30%以下，14:00风速在3米/秒以上。小麦受害症状为干尖炸芒，呈灰白色或青灰色。造成小麦大面积干枯死亡，产量显著下降。

（2）雨后青枯型 又称雨后热枯型或雨后枯热型。一般发生在乳熟后期，即小麦成熟前10天左右。其主要特征是雨后急晴，

干尖炸芒

青枯瘪粒

气温骤升，空气相对湿度骤降。一般雨后最高气温升至27℃以上，14:00空气相对湿度在40%左右，即能引起小麦青枯早熟。雨后气温回升越快，气温越高，青枯发生越早，危害越重。

QUESTION 36 小麦生产如何防范干热风？

（1）因墒浇好灌浆水，改善田间小气候　及时监测麦田土壤墒情变化，当麦田土壤相对含水量低于65%时，指导农户采用喷灌等节水灌溉方式浇水20米^3/亩左右，浇水时选择微风天气（风3级以下），收获前10天停止浇水。有喷灌机、地埋式喷灌等先进节水装备的地块，可少量多次灌溉，以改善麦田小气候，抵御干热风及高温逼熟的影响，确保小麦正常灌浆。

（2）多次喷施叶面肥，降低不利气候影响　在前期结合蚜虫和白粉病等病虫害的防治，落实“一喷三防”技术的基础上，建议农户增加喷施磷酸二氢钾等磷钾含量为主的叶面肥，增强植株抗逆性，延长叶片光合效能，降低干热风和高温逼熟天气的影响，提高粒重、增加单产。

QUESTION 37 季节性干旱对水稻生产会造成哪些影响？

水稻季节性干旱是指在水稻分蘖期、孕穗期、灌浆期等关键生育期遭遇连续40℃以上的高温干旱天气，导致的减产现象。如果高温伴随严重干旱，则会进一步加剧高温对各生长时期水稻的影响，抑制水稻正常生长发育，甚至导致植株干枯死亡。①分蘖期持续高温干旱会不同程度影响水稻分蘖，最终影响每亩穗数。②孕穗期（抽穗前10～15天）连续5天以上日最高气温达33℃以上时，会造成颖花退化和每穗总粒数减少。③抽穗前8～10天正值水稻花粉母细胞减数分裂期，连续3天以上日最高气温达37℃时，易导致颖花败育或不孕，严重降低结实率。④抽穗扬花期持续3天以上日最高气温超过37℃，将会导致花粉失活，结实率显著下降。⑤灌浆结实期连续5天以上日最高气温超过37℃，将使灌浆期明显缩短，灌浆速率加快，淀粉排列不紧密，从而导致垩白增大，垩白粒增多，透明度和整精米率降低；同时，还将导致根系早衰，枝梗老化，籽粒充实度降低，秕粒数增加，千粒重降低。

QUESTION 38 水稻生产如何应对持续高温？

应对持续高温干旱天气的主要措施：

（1）以水调温，防范高温热害 对处于抽穗期和灌浆期的水稻，要保持田间有8～10厘米的水层，有条件的地方最好采取日灌夜排的方式，以水调温，以降低田间温度和穗层温度。同时，可叶面喷施磷酸二氢钾和芸苔素内酯，增强植株耐热、耐旱性，减轻或缓解危害，提高花粉活力。对处于分蘖盛期水稻，应保持田间浅水层以促分蘖成穗。

（2）科学施肥，合理控制群体 对处于孕穗期的水稻，看苗情及时施用穗粒肥，叶色明显褪淡显“黄”的田块要早施，一般每亩尿素5～8千克+氯化钾7.5～10千克，壮秆促大穗，提高结实率；对肥力较高、群体茎蘖数过大、叶色偏深且披散的田块，增施钾肥，严禁补氮，一般每亩施氯化钾7.5～10千克，壮秆防倒、防贪青，提高结实率。

（3）加强监测，防控病虫害 采取“预防为主，综合防治”的方针，加强病虫情测报，强化抽穗期前后病虫的综合防治。若田间有3厘米以上深水，有利于提高二化螟的防治效果。

干旱导致水稻结实障碍

39 QUESTION 玉米出现“卡脖子旱”怎么办？

玉米抽雄前10～15天至抽雄后20天是玉米一生中需水最多、耗水最大时期，对水分特别敏感，此时遇到干旱易导致雄穗或雌穗抽不出来，似卡脖子，故名“卡脖子旱”。“卡脖子旱”常会导致玉米雌雄不调，花期不遇，无法进行正常的抽雄、吐丝和授粉，最终造成减产，甚至绝产。

为减缓“卡脖子旱”的发生，需采取以下措施：

（1）及时灌溉 玉米大喇叭口期至开花期对水分反应十分敏感，是需水高峰期，此期遇旱要及时浇水，可以直接增加相对湿度，缓解旱情，有效削弱“卡脖旱”的直接危害。

（2）人工授粉 采用竹竿赶粉或采粉涂抹等方式人工授粉，增加授粉受精的机会。

（3）根外喷肥 用尿素、磷酸二氢钾水溶液及过磷酸钙、草木灰过滤浸出液于玉米破口期、抽穗期、灌浆期连续进行多次喷雾，增加植株穗部水分，能够降温增湿，同时可给叶片提供必需的水分及养分，提高籽粒饱满度。

（4）喷洒植物抗旱增产调节剂 可以减轻干旱的影响，促进增产。

卡脖子旱

干旱导致玉米叶片萎蔫

因干旱导致的出苗不齐

QUESTION 40 不同时期干旱对小麦生长发育的影响有哪些？

小麦生长前期（苗期、越冬期、返青期）干旱胁迫后恢复正常灌溉对株高、叶面积等影响不大。如果植物受到严重干旱胁迫，恢复生长速率受抑制，则植株生长受限。

（1）播种期 小麦播种后，种子含水量达到其干重的35%～45%才能萌发，要求适宜的土壤水分为田间最大持水量的60%～70%。土壤水分不足时首先影响出苗，难出苗或出苗不齐等，或虽出苗但幼苗细弱，根系发育不良，分蘖少。中国北方冬麦区的伏秋旱，春麦区的春旱，都会成为播种期的旱害；冬小麦越冬期间，幼苗生长缓慢或基本停止生长，易发生冻害，此期若遇干旱往往加重其冻害。

（2）冬小麦返青至拔节期 春小麦春生3叶期到拔节期是小麦营养生长的重要时期，此期的春旱会影响小麦的生长和穗分化，使其植株矮小，叶面积小，穗粒数少。

（3）拔节后孕穗期 此时期是小麦需水的临界期，也是小麦一生耗水的高峰期，这一时期的耗水量占小麦一生总耗水量的30%～

35%。干旱会使小麦的成穗率和结实率降低，对产量的影响最大。

（4）抽穗至成熟期　特别是乳熟阶段，小麦的需水量也较大，此时遇旱会影响小麦籽粒灌浆，千粒重下降。

冬小麦一生耗水450～600毫米，春小麦375～450毫米。不同产量水平耗水量不同。在适宜范围内，小麦产量随供水量的增加而增加。但达到一定数量后，水分增加产量反而降低。

QUESTION 41 如何做好小麦干旱期生产管理？

（1）播种后镇压保墒　冬初及冬末实施麦田镇压，破碎土块，弥补裂缝，提墒保墒。墒情较差、播后种子难以发芽的地块，播后立即喷灌浇水2小时，保证种子吸水发芽。

（2）补浇“救命水”　冬季麦田处于封冻状态，不宜普遍进行浇水，若田间干土层超过5厘米，麦苗明显缺水茎部萎蔫时，应密切注意大气变化，选择回暖天气（最高气温超过5℃）中午前后，采用喷灌方式补浇“救命水”，灌溉时长以消除干土层，地表不出现积水为准，一般2小时左右。

（3）应用“叶龄指标促控法”　根据苗情、土壤墒情，实施水肥促控管理，培育合理的群体和健壮的个体。

①返青期管理。土壤相对含水量<60%时，应及时浇水，亩浇水20～30米^3，亩施尿素5～7.5千克。若返青前干土层厚度超过5厘米，麦苗分蘖节处于干土中，返青肥水可提早至3月上旬。

②起身期管理。土壤相对含水量<60%时，应及时浇水，一般亩浇水20米^{3}左右，亩施尿素5～7.5千克。

③拔节期管理。所有麦田都应进行拔节肥水管理，亩浇水30～40米^3，亩施尿素10～12.5千克。

④抽穗扬花期管理。土壤相对含水量<70%时，应进行灌水，

亩浇水20～30米^3。喷灌麦田要错开扬花期，以防止诱发赤霉病等病害。

⑤灌浆期管理。土壤相对含水量＜70%时，应进行灌水，亩浇水20～30米^3。可将杀虫剂、杀菌剂和叶面肥一起喷施，起到防虫、防病、防早衰、增加粒重的综合效果。小麦收获前10天应停止浇灌，防止贪青晚熟。

QUESTION 42 如何做好玉米干旱期生产管理？

针对旱情发生趋势和作物生长特点，坚持“抢、节、保”多管齐下，蓄住天上水、保住地中墒，以水调墒、适墒足墒，抗旱保作物正常生长发育。

（1）趁雨抢墒播种 对于春玉米，应充分利用自然降水。如降水量达15毫米以上或干土层消失后，及时抢墒播种。如雨量较小，可结合深播浅盖技术、提墒播种技术等抗旱播种技术，结合使用保水剂及时播种。

（2）节水灌溉 对于有灌溉条件的地区，应积极储备抗旱水源，及早做好农灌渠道的清淤工作，改善引水条件、确保引水畅通；搞好机井检修，保障抗旱应急用水。因地制宜推广喷灌、滴灌、垄灌、微喷、隔垄交替灌等节水灌溉技术，减少水分流失，扩大浇灌面积。对采用滴灌、微喷等节水灌溉措施地块，后期可间歇灌溉，养根保叶，防止早衰，提高结实率和千粒重，切忌断水过早，防止高温逼熟。

（3）农艺保墒 对无灌溉条件的旱作雨养区，可采用秸秆覆盖等措施，减少地表裸露，保持土壤墒情。采取中耕、高培土等措施，增加土壤蓄水量。对浇过水或水源紧张的地区，适时划锄中耕，切断土壤表层毛细管，减少田间水分蒸发。对旱地玉米，播种时可采用抗旱保水剂、水肥一体化等抗旱产品和关键技术，提高土壤蓄水能力，提升水分利用效率。发生旱情后，对受旱较轻的地区，可采取叶面喷施尿素、磷酸二氢钾等措施。

QUESTION 43 什么是“烂场雨”？如何科学应对？

“烂场雨”是指小麦成熟收获期间出现的大范围连阴雨或暴雨天气，会导致成熟的小麦籽粒发芽、霉变。为减少损失，可采取以下措施：

（1）抢排积水降渍涝 对降水较多地区，要及时清沟理墒，畅通麦田沟系，确保雨止田干，降低麦田湿度，保持根系活力，减少倒伏概率。对无沟系配套、短时无法排水麦田，要及时调度适宜排涝机具，抢排田间积水。特别对倒伏麦田，要加快排水降渍，避免麦穗泡在水中导致穗发芽或霉变。

（2）抢抓田管防病虫 对处于灌浆期的麦田，要持续抓好田间管理，强化“一喷三防”。要根据病虫害发生情况，科学选药用药，同时混合喷施磷酸二氢钾、尿素或生长调节剂，防逼熟防早衰，促灌浆提粒重，增产量保质量。对倒伏麦田，群体内荫蔽程度增加，易加重病害发生，要强化病害防控，实施无人机统一作业。

（3）抢时收获降损失 密切关注天气变化，做好抢时收获。根据成熟程度，合理调配农机，安排收获进度。对处于蜡熟末期的麦田，抢在大雨来临前收获，预防穗发芽，并为下茬播种创造良好条件。对倒伏麦田，加装扶倒器、分禾器，适度降低割台，减缓行进速度，减少机收损失。对穗发芽麦田，分类抢收，分类存储，分类销售。

（4）抢晴晾晒防霉变 要抢抓晴好天气，利用有利场地抓紧晾晒，降低水分含量，防止霉变发生。有条件的地方，利用设施

抢时收获

烘干作业，也可自建应急风干设施，尽快使籽粒含水量降至安全线，避免发芽和霉变，及早入仓入库。对因雨来不及入库或室内不具备晾干条件的，要覆盖防雨膜，雨停后及时揭膜晾晒，减少霉变。

QUESTION 44 高温热害对玉米生产有什么影响？如何科学应对？

玉米是C4植物，生育期内相对较高的气温有利于玉米增产，但气温超过一定范围就会对其产生不利影响。在气候变化背景下，玉米高温热害发生强度及频次增大。

玉米高温热害是指玉米生长过程中出现的一种持续高温且空气湿度较低的灾害性天气，可使玉米生长发育延迟或不良、花粉不遇或授粉不良，导致减产甚至绝收。①地膜玉米芽期日最高气温≥30℃时，膜内种芽受害。②薄膜育苗期日最高气温≥26℃时，膜内幼苗受害。③开花期日最高气温≥30℃，空气相对湿度

≤60%时，开花较少；日最高气温≥35℃时，花粉粒丧失活力，不利于开花。④灌浆结实期日平均气温≥25℃时，灌浆结实期缩短，成熟期提前，影响产量和品质。

（1）监测预警 结合实时或未来天气条件和玉米生育特性的基础上，参照高温热害指标，监测预报玉米是否受到危害以及危害的时间程度，以指导后续采取有效可行的防御措施。

（2）选用抗逆性品种 高温对玉米的危害在不同品种之间存在显著性差异，选用耐热品种是预防高温热害最经济有效的措施。

（3）调整播期 不同发育阶段的玉米植株对高温耐受力不同，调整播期能减少玉米关键发育时期与高温出现时间的耦合，减轻危害。

（4）喷施外源调节剂 喷施$CaCl_2$、水杨酸等外源调节剂，对缓解高温热害对植株生长发育的危害。

（5）科学水肥管理 科学施肥可增加玉米植株的抗旱耐热性，降低玉米高温热害风险。适当灌溉能调节玉米群体内湿度，降低冠层温度，改善授粉环境，促进玉米雌雄穗协调均衡发育。

高温导致玉米严重缺粒

QUESTION 45 如何应对高温给水稻生产带来的影响和损失？

水稻高温热害通常指水稻抽穗扬花期遭遇日平均气温≥30℃或日最高气温≥35℃，持续3天以上，影响正常开花结实，造成空秕粒上升，引起减产，甚至绝收的一种气象灾害。随着全球气候变暖，水稻高温热害发生的频率和强度明显增加，7月下旬至8月上旬是我国一年中气温最高的季节，也是水稻出现“高温逼熟”的高发阶段。

针对水稻高温危害的应对措施：

（1）选用耐高温的高产品种 播种时可选用2～3个耐热品种搭配种植，保证水稻稳产。

（2）科学规划播种期 根据往年高温情况，科学安排水稻的播种期，使水稻抽穗扬花期尽量避开7月下旬和8月上旬的高温热害多发时段，同时要确保水稻正常抽穗以及其他阶段生长发育不会受到影响。

（3）加强水分管理 高温季节要保证稻田不断水，已经抽穗或进入灌浆期的水稻要立即灌深水，一般田间灌水8厘米左右。有条件可采用喷灌方法给水稻降温。扬花期要浅水勤灌，日灌夜排，高温时白天加深水层。水稻后期仍需采取间歇灌溉，切忌断水过早。

高温影响水稻灌浆结实

（4）合理施肥 适当减少氮肥用量，注意补充钾肥和硅肥，以增强水稻抗性。高温来临前，处于孕穗期可适当喷施叶面肥；处于抽穗扬花期，喷施0.2%磷酸二氢钾溶液或3%过磷酸钙溶液，注意喷施前要适当降低喷洒溶液的浓度，确保喷洒均匀和降低肥害。

QUESTION 46 风灾对玉米和水稻生产的影响有哪些？

（1）玉米 玉米是易受风灾的高秆作物，风灾会造成玉米倒伏倒折，具体可分茎倒伏、茎折倒伏和根倒伏三种情况。由于倒伏情况和倒伏时期的差异，其产量损失程度也不同。

①茎倒伏。仅是作物茎秆倾斜，待天气好转，生长一段时间后植株会自行恢复直立状态，产量损失较轻。

②茎折倒伏。指茎秆折断，一般很难恢复生长，也不易采取挽救措施，产量损失较大。

③根倒伏。玉米植株侧根拔起，茎秆倾伏角度较大，特别是玉米中后期倒伏，呈层叠倒伏状，甚至平铺地面。玉米根倒伏后改变了原有的空间合理分布，叶片互相挤压，叶片受光面积减少，光合强度减弱，影响干物质积累，干扰其正常生长发育。下层植株果穗灌浆速度减缓，果穗霉变率增加，产量大幅度下降。

（2）水稻 飓风会造成水稻倒伏、落粒、茎秆折断、擦伤，以及落叶、落花、落果等，受伤的水稻植株，容易受病菌感染，发展成二次损伤。在受到危害时，高秆品种比矮秆品种受害重；抽穗开花期、灌浆成熟期受害比幼穗期、分蘖期重。灌浆成熟期遭飓风袭击的水稻至少减产30%以上。受到风害后，主要表现为茎干倒伏。

倒伏减产主要原因：一是光合作用受抑制。水稻倒伏后，叶片叠在一起，严重地影响了稻株的光合产物的形成及物质的转移，影响了谷粒的充实，造成秕粒多，粒重小而减产。二是消耗了养分。倒伏的稻茎，节部靠地面一侧的居间分生组织细胞分裂和伸长都加快，使茎秆上弯生长，会消耗稻株的营养。三是容易造成谷粒霉烂。倒伏的水稻，在受水浸淹时间较长或地面湿度大的情况下，谷粒可能霉烂。四是易受鸟害或鼠害。水稻倒伏后，鸟害和鼠害会大大加重，直接造成减产。倒伏后不宜扶稻扎把，倒伏的稻株一般向后倒伏，稻穗、穗茎节和倒一叶、倒二叶暴露于地表。因稻株具有自身调节能力，如果扶稻扎把，反而人为破坏了稻穗、穗茎、叶片的自然分布，加重了稻株机械损伤，造成二次伤害。

大风导致玉米倒伏

飓风导致水稻倒伏

47 QUESTION 冰雹对玉米和水稻生产的影响有哪些？

对玉米和水稻来说，雹灾主要使茎叶和果实遭受损伤，造成减产或绝收。一般分为轻雹灾、中雹灾、重雹灾三级，雹灾轻重主要取决于降雹强度、范围以及降雹季节与农作物生长发育的时期。雹灾的影响主要有：

（1）砸伤植株、砸断茎秆 由于冰雹的机械击打作用，玉米叶片呈斑点状或线状破损、撕裂，茎秆折断，破损部位组织坏死、干枯，叶片受损后光合能力大幅降低。

玉米抽雄吐丝期遭受雹灾

玉米苗期遭受雹灾

雹灾导致玉米茎秆折断

雹灾后水稻叶片受损

（2）倒伏淹水 由于冰雹发生时常常伴随大风和暴雨，部分植株被冰雹和暴雨击倒后，因水淹而窒息死亡。这种情况在有地表径流的地块比较严重，倒伏的植株多被泥水淹没。

（3）冻伤植株 冰雹发生是因近地层大气温度过低造成的，低温容易使植株冻伤。

（4）茎叶受损后感染病害 砸至正灌浆的果穗可导致籽粒和穗轴因破损而霉变。

QUESTION 48 玉米生产遇到雹灾怎么办？

玉米不同阶段，遭受雹灾后恢复生长能力不同，灾后首先确定受灾玉米能否恢复，估计减产幅度，再针对性地选择应对措施。

（1）玉米苗期至抽雄前 一是排水扶苗。雹灾发生时常有部分幼苗被冰雹或暴雨击倒，有的则被淹没在泥水中，容易造成幼苗窒息死亡。雹灾过后，应及早排除积水，将倒伏或淹没在水中的幼苗扶起。二是追施氮肥。受雹灾危害的玉米幼苗，由于叶片损伤严重，影响叶片正常光合作用，使植株生长速度减慢。可在雹灾过后追施速效氮肥，促使幼苗尽快恢复生长。一般每亩可在距离苗行10厘米左右处开沟追施尿素10～15千克，或喷施叶面肥。三是浅中耕散墒。由于雹灾发生时常常会伴随暴雨，雹灾过后土壤水分过多、过湿，表土干后土壤易板结，导致根系缺氧，或由于土壤温度较低而不利于幼苗恢复生长。雹灾过后，应及早进行浅中耕松土，增强土壤通透性，促进根系生长。四是受灾后死苗比较严重的地块，可考虑补种生育期比较短的作物，以弥补雹灾所造成的损失。

（2）玉米抽雄后 此时期，玉米抗灾能力减弱，恢复能力差。因此对穗节完好、叶片受损较轻的群体，做好增施速效肥、喷施叶面肥、防治病虫害等田间管理仍能取得一定产量，但对穗节砸断较多、叶片受损严重的群体，可改收青饲料，时间充足的可种植短生育期作物以弥补损失。

QUESTION 49 水稻生产遇到雹灾怎么办？

（1）加强对冰雹天气的预警　冰雹在很多时候都可以通过气象预警进行提前预防，在发现冰雹天气之后，农户可通过深水灌田，减少水稻受到的物理伤害。

（2）科学水肥管理　冰雹过后要及时排出冰雹降落后导致的冰冷田水，灌溉新的常温水，适当增加水量，可以更好地以水升温和以水保温，恢复水稻正常生长。对局部严重地块进行补苗，田间及时施用速效氮肥，可配施硅肥，促进水稻恢复和生长。

（3）加强病害防治　灾后水稻抵抗力减弱，要做好潜叶蝇、地下害虫和白叶枯病等病虫害的防治工作，可用芸苔素、有机硅磷酸二氢钾结合叶面肥喷施预防病害大规模发生和蔓延。

QUESTION 50 不同生育期玉米遭受涝害的表现是什么？

玉米是需水量大但又不耐涝的作物，涝害发生后，主要抑制其根系呼吸和发育，导致生长延缓、根毛减少，引起根系中毒。此外，叶片褪绿，光合作用降低，基部呈紫红色并出现枯黄叶，同化产物向根系分配比例减少，影响穗的分化和发育。涝害常会造成土壤中有效养分含量降低，无法满足玉米正常生长发育需要，造成减产。持续强降雨和涝害还会导致玉米倒折、倒伏严重。

玉米涝害

涝害导致玉米倒伏、死株

涝害导致玉米早衰

涝害导致玉米雌雄不调

玉米各生育阶段中，涝害越早，受害越重，减产越大。

（1）生育前期　此时期对涝害反应较敏感，种子吸水膨胀和主胚根开始萌动时（出苗期）最不耐涝，这时涝害发生越早、淹水时间越长、淹水越深受害越重。若淹水3～4天，绝大部分种子不再发芽（窒息死亡）。此外涝渍会加重丝黑穗病等病害发生。

（2）出苗至拔节期　这是第二个敏感期，此阶段受淹的幼苗生长迟缓，叶色变黄，生育期明显延迟。涝害发生后通过加强田间管理，玉米能较好地恢复生长。

（3）拔节期后　玉米抗涝能力逐渐增强，但严重涝害会损害营养生长和雌、雄穗发育，造成雌雄不调、授粉困难，穗粒数减少。吐丝期后，随着根系的衰老，抗涝能力逐渐减弱，涝害会导致穗粒数和粒重下降，茎腐病等病害发生较重，严重涝害会导致植株倒伏、死亡。温度明显影响涝害程度，渍涝伴随高温天气，会使氧气在水中溶解度降低，并且加速根系的呼吸作用，从而加剧需氧和缺氧的矛盾，致使根系和植株死亡。

51 QUESTION 如何做好玉米涝害防灾减损工作？

发生涝害后，应坚持“排、散、管、促、防”多措并举，及时抢排积水，加强田间管理，促进受涝作物生长。

（1）排涝散墒　对低洼易涝地块，及时疏通沟渠，排除田间积水，防止出现因积水造成早衰、死亡等现象。玉米苗期田间积水尽量在1天内排净，拔节期后田间积水应在1～2天内排净。

（2）加强田间管理　对受涝田块，及时中耕划锄，破除土壤板结，增加土壤通透性，保护根系，兼顾除草。结合中耕做好追肥，及时追施足量速效氮肥，可亩追施10～15千克尿素，促进根系和叶片快速恢复生长。对处于抽雄散粉阶段的玉米，遇长期阴雨寡照天气，应采取人工授粉方式促进玉米授粉，避免后期出现大量空秆。

（3）综合防控 为避免暴雨之后产生的病虫害，可通过“一喷多促”技术，防控病虫害发生，并促进玉米生长发育。此外，涝害发生后，玉米生育期往往推迟，后期易遭受低温冷害威胁，可采取打底叶等促早熟措施，促进灌浆成熟。

在易发生涝害的地区和地块，需提前做好相关应对工作：一是搞好农田排灌设施。低洼易涝地及内涝田应挖好和疏通田间沟、围沟，清除杂物，有条件的地方可根据地形条件在田间、地头挖蓄水池，将多余淹涝水排入蓄水池内贮存，作为干旱时灌溉用水。二是生产中可选择耐涝品种，播种期应尽量避开当地汛期。

CHAPTER 03 「第三章」

蔬菜防灾减灾技术

QUESTION

52 寒潮对蔬菜生产的危害有哪些？

寒潮袭击时会造成气温急剧下降，并伴有大风和雨雪天气，容易使蔬菜发生冷害或冻害。尤其在早春和秋冬季节，露地蔬菜或者保温效果不佳的保护地蔬菜更容易发生。

（1）低温冷害　简称冷害，指蔬菜生长发育期间，某个时期温度虽然在0℃以上，但低于适合生长发育的最低温度而造成的危害。冷害一般不会破坏植株的细胞结构，但会对植株的生长、发育造成影响，使植株出现异常或畸形，症状表现也多种多样。在一定时间内，环境温度越接近0℃或持续的时间越长，对蔬菜的危害越大、越严重。如黄瓜、番茄、辣椒等主栽的蔬菜基本上都是喜温蔬菜，抗寒能力相对较差，因此一旦棚内的温度低于10℃，就会受到一定程度的伤害；低于5℃，蔬菜的生理机能都会出现障碍，基本停止生长。但如果措施得当，当温度回升后，有些冷害通过管理可获得救治。

（2）冻害　是指在遇到0℃以下的低温时，造成植株细胞中的水分结冰，破坏细胞结构而造成的伤害。在回暖后，一般受害的部位不能恢复，造成受害部分永久性变色、萎蔫、腐烂和干枯。如果冻害发生的仅是局部，当气温回暖后，植株会长出新的组织进行补偿；但如果大部分叶片和生长点都受到破坏，就难以救治，容易造成整株死亡。

53 QUESTION 蔬菜发生冻害后的症状是什么？

一般通风口、边行、棚膜附近和地势较高的地方等处的蔬菜易受冻害。不同蔬菜作物耐寒性不同，如大蒜、菠菜、韭菜等耐寒；萝卜、白菜、芹菜、蚕豆、甘蓝等较耐寒；空心菜和苋菜等耐热蔬菜最不抗冻，0℃即可全部冻死；黄瓜、番茄、茄子、辣椒、冬瓜和大多数豆类等喜温蔬菜不耐寒，15℃以下不会开花结果，10℃以下停止生长，不能忍耐5℃以下的低温，在轻霜冻下可受害但不一定死亡，重霜冻下遇短期0℃以下几乎全部枯死。

遭受冻害的蔬菜死株

一般发生冻害后，如辣椒、番茄等植株叶片的叶缘呈暗绿色，叶背面出现水渍状斑，继而出现失水状，最后萎蔫干枯。茎秆受冻，初为紫红色，严重受冻变黑枯死。果实受冻，有水渍状斑，可软化皱缩或变黑腐烂。根系受冻轻者停止生长，重则逐渐枯烂。

设施番茄遭受冻害植株萎蔫干枯

黄瓜遭受冻害出现“花打顶”

黄瓜叶片受到轻微冻害时，子叶期表现为叶缘失绿，有镶白边的现象，温度恢复后，不会影响以后真叶的生长；定植后受到冻害，植株部分叶片的叶缘呈暗绿色，逐渐干枯；如遇寒风突然侵入，叶片上也会出现镀铝样的银白色，叶片也随之凋萎；低温时间过长，植株受到胁迫，体内乙烯含量增加，生殖生长加速，还会形成“花打顶”，严重影响产量。部分叶菜发生冻害，一开始茎叶脆硬，叶色乌绿，叶尖叶缘稍向内卷，而后叶尖叶缘干枯，重者几天内叶片全部干枯死亡。

QUESTION 54 如何预防蔬菜发生冷害和冻害？

（1）密切关注天气变化和天气预报 要在温室中悬挂温度计测温，正确的做法是：60米长的温室，悬挂温度计3支，每隔20

米悬挂1支，均匀分布在温室，挂于温室中部且高于蔬菜顶端20厘米处。坚持每天观察蔬菜生长情况，特别是蔬菜生长点，如发现受冻，及时采取措施。

（2）墙体增厚 保温和蓄热是墙体的主要作用之一，阻断温室内外的热量传导，因此墙体的厚度要达到一定的要求，墙体过薄则保温效果差。温室墙体厚度小于60厘米，为增加墙体的夜间保温，可根据经济及当地资源情况采取如下措施：①在温室北墙外侧贴10厘米厚聚苯保温板，保温板外挂石膏或水泥，使保湿板与墙体结合紧密。②利用当地的玉米秸秆资源，将秸秆打捆贴在后墙上，厚度在15厘米左右，用上年的旧棚膜包紧固定在后墙上。③温室北墙堆土，根据实际情况，堆土高度最好与后墙高度一致，使墙体总厚度至少达1.5米左右。

（3）后坡加厚 后坡又称后屋面，既是温室蓄热的重要部位，又是温室保温的关键部位。为了增强保温能力，后坡长度不能过短，应该保持后坡水平投影达到1.1 ~ 1.3米，同时后坡厚度要达到50厘米以上，材质以秸秆、炉渣、草泥、聚苯板等隔热物为主。对于后坡厚度不足的，可根据经济及当地资源采取如下措施加厚后坡：①将前保温覆盖物延长覆盖到后坡并固定。②覆盖一层作物秸秆，秸秆上再覆盖一层棚膜防水并固定。③采用炉渣、草泥、聚苯保温板等施工加厚后坡。

（4）外覆盖增厚 外覆盖物的厚度和温室保温效果成正相关，覆盖材料越厚，保温效果越好。目前常用的外保温覆盖物为草苫和保温被。各地可根据实际情况采取适当加厚外覆盖，如在雨雪天气及冬季气温比较低时，在草苫或保温被外覆盖一层旧棚膜或防虫网，保温效果好于单独覆盖草苫或保温被，还可以起到防雪防雨效果。

（5）选用高透光棚膜 前屋面是白天摄取太阳能的唯一部位，所以保持前屋面的高透光力至关重要。建议冬季温室生产选用聚氯乙烯（PVC）长寿无滴消雾多功能薄膜或PO膜，厚度在0.12毫米以上。

（6）挖设防寒沟，阻断土壤热量横向传导 防寒沟是在日光温室南屋面底脚下挖的一条地沟，内填干草或密封隔寒，主要功能是保温，切断大棚内外的热量交换，防止冻土层向棚内延伸，是减小棚内地温下降的重要措施。

（7）减少温室缝隙散热 温室缝隙指的是门、通风窗、通风口及其他任何缝隙。严寒的冬季，日光温室的内外温差很大，很小的缝隙在大温差条件下，也会形成强烈的对流热交换，导致大量热散失，因此要做好温室密封工作，减少缝隙散热。

（8）人工增温补光 一是经常擦洗棚膜来提高透光率，减少由于着尘导致的透光率降低；二是在温室后屋墙面处或走道南侧悬挂1.5米宽的反光膜，能增强室内光照度；三是安装补光灯、浴霸、电热暖风炉、空气加热线、临时火炉及点燃设施增温块等。

建造中的厚土墙温室

温室增温暖风带

QUESTION 55 冷害和冻害发生后，有哪些减损措施？

（1）灌水保温　视土壤墒情灌水，可增加土壤热容量，防止地温下降，稳定地表大气温度，有利于气温平稳上升，使受冻组织恢复机能。

（2）放风升温　棚菜受冻后不能立即闭棚升温，应先把通风口打开，使棚内温度缓慢上升，避免温度急剧升高而导致受冻组织坏死。

（3）人工喷水　喷水可增加棚内空气湿度，稳定棚温，并能抑制受冻组织脱出的水分蒸发，促使组织吸水。

（4）剪除枯枝　及时摘除受冻枝叶，以免受冻组织霉变诱发病害。如番茄定植较早而发生冷害使叶缘干枯，不及时摘除干枯叶片易导致灰霉病发生。

（5）回帘遮阳　天气突然转晴时不要把上面的保温被全部揭开，可卷放一半，或全放开后使用遮阳网并摘掉棚内的反光幕，以减弱光照，防止受冻蔬菜直接受阳光照射，导致组织失水干缩而失去活力。

（6）使用激素　受冻后植株生长缓慢，新叶新枝迟迟不发，可用外源性植物激素喷洒，以促进生长，加快机体恢复。如喷施碧护可有效缓解冻害和冷害，效果较为明显。

QUESTION 56 冬季灾害性低温天气下如何做好育苗？

冬季是冬茬和早春茬蔬菜育苗的关键期，面临温度断崖式下降、长时间低温，甚至暴雪等不利天气，造成棚内温度低，通风不良，空气湿度和基质湿度过大，可能引起幼苗沤根，病原菌滋生，猝倒病、白粉病、霜霉病等病害高发。或由于长期低温，幼苗不发根，植株停滞不长，叶片和茎秆变硬、变脆，成为僵化苗，难以继续生长。因此需做好以下几方面工作：

（1）加强增温保温 番茄、辣椒等应维持在5℃以上，茄子、瓜类8℃以上。一是做好外保温，白天一定要卷起保温被，增加棚内散射光，夜间覆盖保温被后，再盖一层防雨防雪膜防止雨雪浸湿。二是棚内增温，关注当天最低气温和棚内温度，若温度降至作物生长温度下限，采取增温措施；可采用空气源热泵、柴油热风机、热风带等加温设备，于夜间10:00和凌晨2:00分别启动1～1.5小时；也可采用应急增温块，每亩地使用10块，于凌晨1:00左右点燃应用。一定要注意用电用火，保障人员、设施设备等的安全，做到安全生产。还可安装二道幕、小拱棚等覆盖保温，尤其是播种后，可在苗床上搭建小拱棚，在穴盘下使用“地膜＋棉毡＋地热线＋棉毡＋地膜”的铺设方法自制“电褥子”进行苗床增温，促进发芽。

（2）科学水肥管理，控制湿度 一是尽量减少浇水或不浇水，保持基质“见干见湿”，基质相对湿度控制在60%左右，有条件的育苗场可选择底部潮汐灌溉，减少幼苗叶面水珠。二是合理通风，尽量保证在棚内空气湿度60%左右，早晨卷起保温被，待温度回升后放风5～10分钟，中午升温后适当加大风口，延长放风时间，若棚外温度低，通风要缓慢，避免冷风直接吹入而受冻，下午放下棉被前再放风5～10分钟。三是安装电除雾设备，或在棚内地面撒施干燥草炭、炉灰渣、炭化稻壳、稻壳、稻秸秆或锯末等，以吸收空气中的水分，降低湿度，降低病害发生。

（3）病害防治 每天巡查苗情，一旦发生病害，施用百菌清、腐霉利等广谱性粉尘剂或烟雾剂，尽量避免喷雾，以降低棚内的湿度。

（4）适当炼苗，增强抗性 出圃前加强炼苗，关键是控水、控温、加强通风，一般提前5 ~ 7天，适当延长放风时间，低温锻炼，增强幼苗适应能力。另外，定植前选用广谱性杀菌和杀虫剂进行一次细致的喷雾预防。

（5）加固育苗设施 降温可能伴随大风、降雪等天气，需提前检查塑料薄膜的固定情况，压膜线或压杆必须固定牢靠。对于老旧温室或骨架已变形的温室，要采取增设立柱的方式加固，以免积雪压塌。

苗床下增温管道

苗床铺设地热线

棚内加设二道幕

棚内前底脚加设防风幕

57 QUESTION 连阴天对蔬菜育苗和生产的危害有哪些？

连阴天一般在冬春季节发生较多，连续数日天空基本被云层遮盖，昼夜温差较小，且气温相对较低，同时伴随着较高的湿度。无论是露地还是设施生产，连阴天时，光照减弱，温度偏低，湿度较高，均不利于蔬菜正常生长，往往影响植株营养物质的积累、造成生理紊乱，持续时间较长时，可造成蔬菜大幅度减产，甚至整栋温室的蔬菜绝收。

连阴天危害程度随持续时间的加长而加重。一些学者将连阴天灾害技术指标分为3级，当连续3天无日照或连续4天中有3天无日照，另一天日照时数＜3小时为轻度灾害；当连续4～7天无日照或逐日日照时数＜3小时连续7天以上为中度灾害；当连续7天以上无日照或逐日日照时数＜3小时连续10天以上为重度灾害。

连阴天对蔬菜生产造成的危害主要有以下几个方面：

（1）光照不足，影响蔬菜生长发育 作物光合作用显著降低，影响植株营养物质的积累，造成蔬菜生长速度缓慢，从而影响蔬菜的产量和质量；还会出现生理紊乱，落花、落果等现象；部分植株甚至出现生理性干旱、萎蔫、植株停止生长；幼苗则易出现“徒长”，节间伸长，光合作用变弱、叶片发黄变薄等。

（2）温度偏低，易使作物产生冷害 导致棚室内温度低于作物正常生长发育所需。当持续连阴天造成棚室内气温降到5℃以下时，地温往往更低，使果类蔬菜根系受到伤害。严重时植株出现冷害，叶片开始脱水，甚至死亡。

（3）湿度过大，设施内病害高发 连阴天会间接影响通风排湿，病原菌迅速繁殖。当连阴天危害达到轻度危害时，幼苗发生猝倒病、白粉病、霜霉病等病害的概率增加，田间蔬菜易发生霜霉病、软腐病及其他喜潮湿的细菌、真菌性病害。

（4）容易出现“闪苗” 连续长时间寡照和雪后，天气乍晴，光照骤强，容易引起“闪苗”，幼苗萎蔫失水，甚至死亡。

连阴天引发幼苗节间伸长

连阴天引发幼苗病害

QUESTION

58 连阴天蔬菜育苗和生产防灾减损技术有哪些？

针对连阴天对蔬菜育苗和生产的危害，应及时关注气象预警、预报，提前做好防御准备，从增温、补光、降湿、防病等方面加强管理，具体防灾减灾应做好以下几个方面：

（1）做好增温保温 冬春季蔬菜生产时，适当稀植，选用小高畦、M形畦等方式种植，并采用地膜覆盖，可采用银灰反光地膜，既可以使植株下部叶片接收散射光，又可延缓5厘米表土层地温的下降，使根系处于温度相对较高的土层中，保障植株正常生长。选择保温被厚度2厘米以上。对于蓄热保温性能差的日光温室还可在后墙、山墙外侧增加10厘米以上的保温材料。同时可在日光温室前底脚挖设防寒沟，宽度50厘米以上，深度大于当地冻土层深度，以切断热量横向传导，从而增加温室的保温性。在温室出入口、放风口设置风挡，防止冷风直吹，还可搭设二道幕保温防寒。另外要备好电热鼓风机、电热炉、热宝燃烧块等应急增温设备和材料，当气温过低时，及时应急增温。

（2）增强光照，延长光照时长　一是加强棚室保温透光性。及时清扫棚膜表面，增加透光率；低温季节，早晨待温度回升及时卷起保温被等覆盖物，充分利用弱光、散射光，保证进光量。二是人工补光，常用的补光光源有荧光灯、白炽灯、高压钠灯、LED 灯等，增加光照度，延长光照时间。一般每10平方米配置200 ~ 360瓦的补光灯等为宜，灯具应距离蔬菜和棚膜50厘米以上，补光时长以自然光照和人工补光时长合计12小时左右为宜。选用无滴薄膜、后墙悬挂镀铝膜反光幕，增加光照度，提高棚温。

（3）加强田间管理　采用地膜、秸秆、稻草等覆盖地面，减少土壤水分蒸发以降低湿度。应少浇或不浇肥水。通过叶面喷施芸苔素内酯、碧护、微量元素等叶面肥，提升蔬菜抗低温能力。合理施用调节剂，预防落花落果。另外在连阴天时，果类蔬菜要合理留果，减少消耗，保障营养供应植株本身已坐住的果实生长需要，保秧保果。采用三段放风法排湿，即在早上揭苫（棉被）后1小时，中午前后室内温度升高后，以及傍晚放苫（棉被）前，打开顶风口（小缝隙）10 ~ 15分钟，保持棚内相对湿度60% ~ 70%，减少病害发生。

（4）做好病害巡查和防治　每天巡查棚内情况，隔3 ~ 5天采用广谱杀菌烟剂或杀菌泡腾片，进行棚室环境杀菌，预防病害发生。有条件的还可使用静电除雾装置，建立空间电场有效消除温室雾气、空气微生物等微颗粒，调节棚内环境，预防气传病害发生。使用农药防治病害时，施用百菌清、腐霉利等广谱性粉尘剂或烟雾剂，尽量避免喷雾施用杀菌剂，以增加棚内的湿度。

（5）谨防乍晴“闪苗”　连阴天放晴后，应逐步增加光照和温度，先半卷保温被，发现幼苗萎蔫要及时放下保温被；不要立即浇水追肥，可暂缓1～2天；尽快中耕，使田间的湿度能够在较短的时间内降下来。及时对长势较弱或结果较多的植株进行采收，适量疏花疏果、整枝打杈、摘掉老叶和病叶等，并及时带出棚室清理干净。

育苗温室乍晴防晒及补光

田间人工补光

QUESTION 59 暴雪对蔬菜生产的危害有哪些？

暴雪对蔬菜生产的危害主要有以下5个方面：

（1）暴雪对蔬菜生产的设施造成损毁 每1毫米降雪量在每亩地上所形成的总雪压是667千克，5～6毫米以上降雪能使塑料棚膜变形，10毫米以上的暴雪会对坚固性较差的大棚、温室造成损害，甚至倒塌。

（2）露地蔬菜覆雪，易对作物造成冷害、冻害 尤其是早熟和秋季作物，直接影响产量和商品性。

（3）暴雪天气光照受阻，蔬菜生长受阻 暴雪天气积雪清除困难，设施内植株光合作用减弱，生长受损，落花落果。

（4）积雪清除困难　持续性暴雪会造成棚室前底脚积雪量大，清除困难，导致棚室保温覆盖材料揭盖困难。

（5）病害易发生　暴雪会导致棚室内湿度增加，易发生霜霉病、灰霉病等病害。

露地蔬菜遭受冻害

积雪引起棚室垮塌

QUESTION 60 遇暴雪应该做好什么防灾准备？

（1）加固棚室　关注天气预报，加强生产设施结构风险排查，注意检查棚膜破损、棚架坚固、棚口保温、压膜线紧固等情况，对于前屋面平缓、跨度大或雪载设计承载较差的设施，可采用搭设立柱等方式进行结构加固，以防积雪压塌、损毁棚室。

（2）清扫积雪　及时清除设施覆盖物的积雪，增加进光量，也防止积雪过重压垮设施。另外在下雪前，可在保温被上覆盖废旧棚膜、防虫网等防水材料，防止雪融化后结冰影响保温材料揭盖，同时也方便快速清除积雪。

（3）增温补光 关注棚内温度，温度过低时，及时采取增温保温措施，防止蔬菜作物受冻。下雪天气还可悬挂反光幕，或采用荧光灯、白炽灯、高压钠灯、LED 灯等进行人工补光。在中午雪停时要进行放风。白天降雪，如温度不是太低，棚温不下降就应适当延长见光时间；温度低或夜间降雪应及时落下保温被并加盖棚膜。

（4）加强田间管理 控制浇水和追肥，以降低湿度，避免旺长。如是喜温蔬菜或育苗生产，可增加二道幕或搭小拱棚，通过多重覆盖保温。中耕划锄提高地温，逐步提高棚温。如雪天时间长，雪后骤晴时注意分几天逐渐揭苫，避免蔬菜打蔫闪苗。如发生病害可用烟熏剂防治。

保温被上加盖防虫网

及时除雪

QUESTION 61 冬季灾害天气下如何利用采后技术减损？

冬季发生暴雪、大风等极端天气时，农产品的采收、贮藏、运输和销售等环节在极端低温下易受冷、冻害，造成损耗或品质下降，甚至失去商品性。生产主体应根据天气变化结合自身情况，采取预防和补救措施。

（1）科学采收　根据天气变化和市场情况安排好作物的采收期，遇灾害天气发生，可应采尽采；灾害天气发生后，也可根据实际情况及时抢收，减少损失。采收时避免在早晨或夜晚等低温环境下进行，注意棚室和人身安全，采收过程中避免造成机械损伤，采收后在适宜的温度下存放，采后处理尽量避免清洗。

（2）加强贮藏期管理　在冬季农产品贮藏过程中，短期贮藏或者经济价值较低的可选用假植、堆藏、沟藏、窖藏等传统贮藏方式，长期贮藏或者经济价值较高的可选用冷库、气调库等现代贮藏方式，贮藏期间应注意天气变化，做好贮藏环境的温湿度管理。

（3）做好流通管理　根据天气变化，在农产品流通环节中做好保温，如采用塑料薄膜包裹、棉被覆盖等措施。避免在缺乏有效保护措施的情况下长时间存放，减少冷害、冻害、机械损伤等问题发生，降低流通损耗。

（4）运用加工技术　对于可能已经受到冷害或者冻害的农产品，可采用晾晒、烘干、腌制等简单的加工技术及时进行加工，延长贮藏期，降低损失。

雪灾后棚室未倒塌地块抢收

蔬菜腌制

QUESTION

62 蔬菜生产如何应对“倒春寒”？

（1）加强苗期低温锻炼　在定植前7～10天，随天气转暖逐步加大通风量，对幼苗进行低温锻炼，以提高秧苗抗寒能力，适应外界低温环境。

（2）增加保护设施　架设风障对冷空气有阻挡作用，能阻止地表进一步降温。大棚破损处要提前做好维修或替换处理。可用塑料薄膜、草帘、保温被等进行多层加盖保温防护，亦可在棚室内临时增搭中小拱棚，能够很好的减少蔬菜低温危害。

（3）临时增温　温室大棚内通过临时增设加温的煤炉、热风炉、加热电线、电暖气等增温设施，临时增温、提高棚室内温度，从而预防蔬菜发生低温冷害或冻害现象。

（4）灌水　当较强冷空气过后，天气晴朗，夜间无风或微风，而且气温迅速下降，特别是当地表温度降至0℃以下时，可在地面大量浇灌井水，以大幅度提高地温。此法可使地面温度由0℃上升到8℃左右，避免作物出现冷害或冻害。

（5）熏烟　在降温当天夜晚，利用田间熏烟可有效地减轻或避免冷害或冻害。但要注意两点：一是烟火点应适当密些，使烟幕能基本覆盖全棚。二是点燃时间要适当，应在上风方向，凌晨2：00～3：00点燃，直至日出前仍有烟幕笼罩在地面，这样效果最好。

（6）喷施防冻剂　防冻剂主要是通过调节细胞液浓度或通过外接化学物质刺激激活自身抗冻机制基因表达的一些试剂，已经受冻害的植物也可以使其快速恢复正常生长。

（7）避免整枝　发生“倒春寒”时，应避免对蔬菜进行整枝、打杈处理，以防加重伤流，加重冻害，病虫害通过伤口侵害苗株。

QUESTION 63 冰雹对蔬菜生产的危害有哪些？

冰雹灾害虽然不是频繁发生的自然灾害，但一旦发生就会对蔬菜生产造成不利影响，尤其是对于露地栽培的蔬菜影响更大。冰雹的危害程度取决于冰雹的强度、密度和持续时间等，当冰雹直径大于5毫米时就能对蔬菜生产造成影响，直径越大造成灾害概率越大，危害越严重，轻者可造成减产，重者则可造成绝收。

（1）设施、棚膜等损毁 除对露地蔬菜造成影响外，冰雹天气对设施、棚膜的损坏程度也较严重。能造成大棚棚膜损坏，进而直接影响棚内种植的蔬菜。严重的甚至能导致棚室倒塌，造成安全隐患。

（2）产生机械伤 蔬菜植株、茎部、叶片、果实等部位被冰雹砸伤，轻者尚可收获、流通或继续生长，但其商品性不同程度降低；重者基本失去商品性。

（3）造成倒伏 伴随冰雹的狂风暴雨，造成植株倒伏，落花落果，使蔬菜产品粘泥带水，品质下降。

（4）产生冷害 降雹前后温差骤然加大，剧烈降温使正在生长的蔬菜遭受不同程度的冷害，加速组织萎蔫、坏死等。

露地茄子遭遇冰雹

大棚西瓜遭遇冰雹

（5）引发腐烂　冰雹过后环境高温潮湿叠加骤然放晴，极易引发田间蔬菜的腐烂变质。

QUESTION 64 田间蔬菜遭遇冰雹后如何利用采后技术减损？

（1）及时抢收　损伤严重或虽损伤较轻但基本达到采收标准的蔬菜要应收尽收，降低损失且利于植株恢复。

（2）加强采后处理　根据蔬菜损伤程度进行分类销售或加工利用；对于黏附泥土的叶类蔬菜，只需清洗或用湿布擦洗带泥部分，于阴凉处晾干表面水分，再入库贮藏或包装销售；对于黏附泥土较多的根茎类蔬菜，若短期内销售则可用水冲洗或湿布擦除泥土，若长期存放则可待表面泥土晾干后贮藏；对于产地积压的蔬菜，需预冷消除田间热后再入库贮藏，以延长保鲜期，减少腐烂损耗。

（3）合理加工利用　对商品性变差或失去商品性的蔬菜，可通过进一步加工降损增值。比如黄瓜、辣椒、番茄等可加工成酱菜，萝卜、胡萝卜、圆白菜等可加工成泡菜，豇豆、冬瓜、圆白菜等可加工成馅料，马铃薯、南瓜等可加工成薯泥、南瓜泥等。

尾菜加工泡菜

尾菜干制

65 QUESTION 大风及沙尘暴天气对蔬菜生产有何影响？

大风及沙尘暴天气对蔬菜生产影响因种植空间、发生季节不同而不同。大风及沙尘暴天气发生在春、秋季时，一般伴随寒潮降温。

（1）对设施蔬菜生产的影响　主要有四个方面：一是损毁棚室表面的覆盖物棚膜、棉被等，甚至损毁棚室骨架、墙体，进一步危害棚室内种植的蔬菜。二是沙尘暴天气会降低光照度，影响蔬菜作物的光合作用，发生在冬春季节时，由于该时期光照时间短、光照弱、加上沙尘天气，会使冬春茬、越冬茬设施蔬菜植株长势弱、生长缓慢、单株结果数量下降，畸形果多等。三是加重病虫害，大风、沙尘暴天气，为保护设施、风口处于关闭状态，棚内湿度无法通过通风及时排出，同时大风、沙尘常伴有寒潮、降温，低温高湿会导致一些病害加重，如灰霉病、疫病、枯萎病等，从而导致蔬菜产量降低、品质变差。四是影响蔬菜正常生产，频繁的沙尘暴天气会形成长期寡照的不利因素，会使设施蔬菜无法通风换气、不能正常浇水追肥等，使植株坐果困难、落花落果、产生畸形果等，导致产量降低。

大风造成棚室坍塌

大风造成棚膜破损

（2）对露地蔬菜生产的影响 一是长期的大风、沙尘暴天气会导致土壤退化。大风、沙尘暴天气会吹走耕地表层土壤，长时间的大风、沙尘暴天气加快土壤表层土水分蒸发，使矿质元素上移，在导致耕地土壤肥力降低、沙化的同时，也会造成盐渍化加重。二是大风一般是冷暖气流剧烈运动所导致的，发生在春季和冬季时，常伴有寒潮、降温天气，容易使露地蔬菜发生低温寒害、冻害或先期抽薹。三是使露地高秆蔬菜植株倒伏，茎秆、叶片折断等，降低蔬菜商品性或造成减产，甚至绝收。

QUESTION 66 大风天气来袭，蔬菜生产如何防灾减损？

防范大风灾害性天气，要做到勤检查、提前做好防范。

（1）设施蔬菜生产 应做好以下几点：一是生产设施建设，设计最大风荷载应符合《日光温室建设标准》（NY/T 3024—2016）要求。二是设置好并勤检查压膜线（绳）、地锚、棚膜、保温被等配件。大棚、日光温室每隔1.5米安装一道压膜线（绳），必要时可横向再设置2～3条压膜线（绳），或采用铁丝网、尼龙网格绳等夹层固定棚膜。生产管理时要勤检查以上配件的紧实度，压紧压实，发现破损及时更换、修补，春秋季大风时可采用半放保温被（草苫）压住棚膜。冬季大风时，尤其是夜间大风时，要压好保温被，可在日光温室前沿采用土袋、石块等重物压好，并横向采用2～3条拉丝、线（绳）压紧。三是关闭好放风口、出入口，密闭棚室，避免大风局部灌入"鼓包""放风筝"。四是安装棚膜时，除做好棚膜本身紧绷、不松垮外，还要做好与棚室主体结构的固定。采用压膜槽、卡槽垫膜、卡簧将棚膜固定在棚室骨架及山墙等位置，山墙位置不要采用棚膜卷竹竿，拉丝固定的方式可避免大风时棚膜上下晃动，撕破固定点，最后完全撕裂，丧失固定作用。五是做好保温被的缝合，保温被多为多块保温被拼接而成，拼接处一定不要留缝隙，避免保温被被吹飞，减少热量损失，提升保温性。

（2）露地蔬菜早春生产　一是在小拱棚两侧用土压紧、压严、压实，防止小拱棚被吹飞，避免未经锻炼的秧苗被“风干”，同时地膜的两侧、畦面较宽的地膜中部也要用土压好，不要间隔性压土，尤其是气温升高后需每天放风时，为了省力省工而间隔性压土，否则大风易从未压土部位灌入，导致小拱棚、地膜被吹飞，秧苗被折断或受冷、冻害。二是冬季或早春大风时，可在地块上风口位置设置风障，避免冷风直吹蔬菜。

另外，设施蔬菜及露地蔬菜生产均可叶面喷施磷酸二氢钾、海藻酸、碧护等叶面肥及生长调节剂以提升作物抗逆性，避免大风伴随的寒潮、低温对蔬菜造成危害。

大风来临前压紧棚膜

QUESTION 67 夏季高温如何做好蔬菜育苗生产？

夏秋茬蔬菜育苗关键期，面临高温、强光等不利天气，易出现种子出苗难或不齐，日灼病，果菜花芽分化晚，蓟马、烟粉虱等虫害频发等问题，严重影响蔬菜种苗生产。因此需采取措施，做好抗高温保苗工作。

（1）品种选择与适时播种　夏季种植选择耐热性强，叶菜耐抽薹性强的蔬菜品种。同时，根据茬口安排和近期天气情况，尽量避开连续高温天气。

（2）催芽管理　一是对于易发生热休眠的种子（如芹菜、莴苣等），提前进行处理，如放置于4 ~ 6℃低温条件下，进行引发，打破休眠。二是浸种催芽，播种前将种子置于催芽箱浸种，露白后再播种。三是播后催芽，播后集中放入催芽室，待种子萌动，30%拱土出芽时，移入苗床；或者直接苗床催芽，播种后苗盘上覆盖2 ~ 3层遮阳网进行降温和保湿，30%拱土出芽时揭掉覆盖物。

（3）光照管理　夏季温度高，光照强，秧苗易被晒伤，呈现叶片变薄、部分变白、变焦现象，即为“日灼”生理性病害，因此需做好遮阳。可在设施棚膜外覆盖遮阳网，有外遮阳自动控制系统的，采用智能设备依据温度和光强自动开关；若没有外遮阳自动控制系统，可在设施表面棚膜或支架上直接覆盖，或喷施利凉涂料进行遮阳降温。不同蔬菜对光强需求不同，根据棚内主要蔬菜种类，选择适宜遮阳网，一般果菜、瓜菜类需光较强，建议选择遮光率40% ~ 50%的遮阳网；叶菜类可选择遮光率70%的遮阳网。遮阳网一般在晴天10:30 ~ 15:30进行覆盖。

（4）水肥管理　苗期保持基质见干见湿，一般晴天上午9:00 ~ 10:00，一次性浇透水。在1 ~ 2片真叶期，开始追肥，推荐保力丰（19-19-19）平衡性水溶肥进行追肥，施肥浓度小苗1‰ ~ 2‰，成苗期3‰ ~ 5‰。

（5）病虫害防治　预防为主，综合防治。一是物理防治，悬挂黄蓝板，诱捕烟粉虱、蚜虫、蓟马等害虫，同时监测虫害种类和虫口密度，及时采取防治措施。二是生物防治，释放异色瓢虫防治蚜虫，释放丽蚜小蜂、烟盲蝽、草蛉等防治粉虱，释放东亚小花蝽防治蓟马。三是药剂防治，首选蛇床子、苦参碱等植物源农药，或球孢白僵菌、轮枝菌等生物农药，同时搭配噻嗪酮、氟啶虫脒腈、呋虫胺等化学农药，有效防治蚜虫、粉虱等传毒害虫，抑制病毒增殖，减少病毒病传播。

此外，育苗前，可利用高温天气，进行棚室消毒，可采用高温消毒法、药剂消毒法等对棚室表面、苗床、地面进行一次彻底消毒，杀灭病菌和虫卵。

温馨提示

需注意，棚室消毒要保证人员安全。消毒时做好人员防护，戴好防毒面罩、穿上防护服，戴好手套等，避免呼吸系统和皮肤裸露在外；喷施药剂后，密闭风口和入口，门口贴上消毒标识；消毒后，充分通风后人员再进入。

育苗温室夏淡季消毒

温室降温风机

温室降温水帘

黄瓜苗日灼病

68 QUESTION 设施蔬菜生产降温措施有哪些？

夏季蔬菜生产容易受高温影响，植株出现日灼、生长点坏死等症状，因此采用合理的降温措施才能保障蔬菜越夏生产顺利。针对气温和地温，降温措施有所不同。

（1）设施蔬菜常用降气温措施 ①加大通风。②覆盖遮阳网降温，根据种植蔬菜种类的不同，可采用遮阳率为30%～70%的遮阳网覆盖降温。③棚膜表面喷涂新型遮阳降温材料降温，如利凉、利索等。④甩泥法降温。是将黏性较好的黄泥，和成稀泥，然后用扫帚等均匀地甩涂到棚膜表面，从而起到遮阳降温的作用。⑤喷淋降温。在棚室内部安装雾化喷淋设备，通过水分蒸发将热量带出棚室降温。⑥通过配套设备强制降温，如在日光温室山墙安装湿帘风机、循环风扇等，强制通风散热。

（2）设施蔬菜常用降地温措施 ①在畦间沟内用深井水浇灌，利用水的低温降低地温。②畦面采用银灰膜、白膜覆盖，增强光反射，减少地面光照蓄热降低地温。③畦间沟内采用稻壳、粉碎秸秆覆盖，冬季可降低棚内相对湿度，夏季可降低地温。露地蔬菜生产，主要采用畦面覆盖银灰膜、白膜以及畦间沟内浇水的方式降温。

加大大棚侧风口

大棚顶部设置遮阳网

QUESTION 69 露地蔬菜生产降温措施有哪些？

（1）露地蔬菜常用降气温措施 ①搭建临时小拱棚，上面覆盖遮阳网。②增加蔬菜植株本身叶片数量进行遮阴。在盛夏季节番茄摘心时，应在最上层果之上保留两层叶片。辣椒类蔬菜上部侧枝，留2片叶后再去头，也是为了起遮阴降温的作用。还有盛夏时节的露天越夏西瓜，菜农一般用其有叶片的瓜蔓覆盖瓜身，也可起到遮阴降温的作用。③田间套种。当前，部分菜农在甜椒地间作玉米，就是利用玉米的遮光作用，可降低甜椒田间温度。

（2）露地蔬菜常用降地温措施 ①夏季菜田灌水后，最好在地表覆盖麦秸或麦穰等，也可以覆一薄层干土，以减少水分蒸发并能降低地温。另外，浇水时间要在早晨或傍晚进行。②采用喷淋灌法也可降低地温，可适当增加空气湿度。

另外设施蔬菜和露地蔬菜均可叶面喷施磷酸二氢钾、氨基酸、海藻酸等叶面肥提升蔬菜植株耐热性来抵御高温；根部施用菌剂或生物有机肥料来促进根系生长，促进植株健壮，增强作物耐热性。

QUESTION 70 蔬菜遭遇夏季高温灾害，如何利用采后技术减损？

蔬菜遭遇夏季高温灾害，采后容易出现黄化、萎蔫、腐烂等问题，损耗较高，可以通过及时采收、预冷保鲜、冷藏配送等技术减轻采后损耗，延长保鲜期。

（1）及时采收 根据蔬菜用途及流通时间，确定采收成熟度，对商品性要求不严格的蔬菜可适当提前采收；采收前控水3～7天，避免在高温下采收，建议在8:00前或18:00后采收，此时环境温度相对较低，蔬菜呼吸等生理活性较弱，利于采后品质控制；采收时注意轻拿轻放，避免机械损伤，装筐不要过满，注意留有空隙，避免挤压损伤。

（2）预冷保鲜 预冷就是将采收后的蔬菜，除去田间热，将其温度冷却到适宜保鲜温度的过程，一般分为空气预冷（强制通风预冷、差压预冷）、真空预冷和冷水预冷，可根据蔬菜特性采用不同的预冷方式。一般来说，强制通风预冷基本适用于所有蔬菜；差压预冷适用于果菜、根菜类；真空预冷适用于水分大、表面积大的叶菜类、玉米等；冰水预冷多适用于胡萝卜等根茎类蔬菜。需要注意的是，由于蔬菜含水量较高，采用空气和真空预冷方式，在降低蔬菜温度的同时，会加剧蔬菜表面水分的流失，导致蔬菜萎蔫，可以通过喷淋、喷雾等方法增加环境相对湿度，减轻蔬菜预冷过程中的萎蔫现象。

（3）保鲜包装 夏季高温天气经营主体应根据蔬菜采后温度环境选择包装方式，一般来说，不具备低温控制条件的采用普通打孔包装袋/盒即可，具备低温控制条件的蔬菜可以配合1-MCP（可用于花椰菜、番茄）、微孔保鲜袋、高透湿性保鲜袋等功能性包装材料，延长产品保鲜期。

（4）冷藏配送 具备冷藏车运输条件的经营主体，夏天宜采取全程冷链运输，冷藏车温度依据果蔬的适宜保鲜温度而定，一般来说，叶类蔬菜在5℃左右，果类蔬菜10℃左右；对于不具备冷藏车运输条件的主体，可以采用冰袋、保温箱等蓄冷保鲜材料，建议根据包装产品重量配备20%～40%冰袋，增强保鲜效果。

产地预冷

冷藏运输

1-MCP保鲜包装

功能保鲜袋包装

QUESTION 71 日灼会对哪些蔬菜造成危害？如何预防？

在炎热的夏季，茄果类蔬菜易发生日灼，主要发生在茄果类蔬菜果实上、外围及顶端生长点叶片上。果实受害，初期被太阳晒成灰白色或浅白色革质状，病部表面变薄、皱缩、组织坏死变硬，若空气湿度大，受腐生菌侵染，常长出黑色霉层、腐烂。叶片受害时，叶片褪绿，并形成不规则白色斑块，严重的半叶及整个叶片永久性萎蔫或干枯，丧失同化功能。

造成日灼的主要原因有：①白天气温在35℃以上，夜间气温在20℃以上，且持续时间大于4天时，裸露在强光下的叶片、果实易发生日灼。②土壤缺水、放风不及时棚室内相对湿度较大，叶片、果实表面结露，露水聚光吸热也易造成日灼。③水肥施用不当，蔬菜植株、果实缺乏微量元素，植株长势弱、耐热能力降低，也易发生日灼。

可通过以下措施进行预防：一是合理密植，增加单位面积叶面积指数，通过叶片的遮挡，避免果实暴露在强光下发生日灼。二是遮阳降温，利用遮阳网、新型遮阳降温材料等遮阳降温，降低棚室内气温的同时，也可防止强光直接照射叶片和果实。三是小水勤浇，合理施肥，提升棚室内湿度，及时补充中微量元素，促进根深叶茂，保证植株充足的水分供应，增加植株蒸腾，降低叶片温度，减少高温强光危害。四是叶片喷施氨基酸、黄腐酸

日灼造成辣椒果实受害

等，在叶片上形成保护膜，提高叶片抗高温强光能力。五是在高温季节，喷施6 000倍液芸苔素内酯，提升植株耐热性，预防日灼发生。

棚室外覆遮阳网

QUESTION 72 暴雨天气对蔬菜生产的危害有哪些？

暴雨天气作为一种较为常见的灾害性天气，对蔬菜的生产有较大的危害，尤其是针对地势较低、排水困难的地块，雨水很难迅速排出，使得积水严重，土壤含水量较高、土壤中缺乏氧气，导致蔬菜根系生长差、烂根，不出苗和死苗。同时在高温高湿的情况下，不仅造成蔬菜植株受损，而且容易引发蔬菜根腐病、软腐病等病害，造成病苗、死苗。

对于设施生产，暴雨同样有着非常大的影响。如部分日光温室采用的是土墙，一旦暴雨就会导致土墙受到雨水的冲刷以及浸泡，结构非常容易遭到破坏，其整体的安全性和稳定性都会受到较大的影响。对于其他结构的设施类型来讲，一般暴雨天气大多在夏季高温期，此时正处于闷棚或消毒时期，暴雨天气雨水会通过渗透到棚室内，影响消毒效果。并且雨水渗透后不能及时排出晾地，还可能造成下茬蔬菜定植延后。

棚室积水秧苗被淹

涝害后植株受损

QUESTION

73 蔬菜生产如何应对暴雨天气带来的渍涝害？

（1）预防措施　及时关注天气预报，提前做好应对措施。在暴雨前及时疏通排水沟渠，确保沟系畅通，保障周边排水良好。对已经达到商品性要求的蔬菜，应在暴雨前及时采收上市销售。对未达到商品性要求的蔬菜，要做好地块排水工作，减少危害。针对地势低洼、排水不畅的地区要提前准备水泵，当暴雨发生时能加快排水速度，尽早排除田间积水，减少设施主体及蔬菜根系在雨水中浸泡的时间，减轻受害程度。对老旧设施或可能存在安全隐患的设施及时进行加固维修，避免暴雨天气伴随着大风损坏设施结构。

（2）减损措施　在灾害发生后，应尽快加强管理，降低损失。

①及时疏通沟渠，及时排除棚膜积水包，抢排积水，降低田间湿度，防止积水及天气骤晴后高温造成的沤根，促进根系生长。对于雨后土壤板结的地块，待土壤稍干、人能进入时及时进行中耕，增加土壤通透性，提高根系活力。蔬菜被淹后，根系吸收水肥的能力较差，应及时通过喷施叶面肥的方式进行养分补充，促进快速恢复生长。对部分出现死苗、缺苗的地块，可根据季节茬口，及时做好补种。②加强病虫害防治管理。暴雨过后容易对植株造成机械损伤，植株抵抗力降低。同时此时田间温度高、湿度大，容易被病菌感染，如叶菜类的软腐病、黑腐病等，茄果类的早疫病、灰霉病等。应及时清除受害、受损严重的植株，对受害、受损较轻的植株应及时喷施药剂进行预防。同时要对雨水浸泡过的土壤、设施做好消毒工作，防止病虫害流行蔓延。农药宜选用高效低毒、具有广谱性杀灭作用的药剂，喷药时间在晴天10:00之前或17:00之后为宜。③及时抢收达到商品性的蔬菜，降低损失。对受灾较重的地块，在确保安全的前提下尽快抢收，把损失降到最低点。④做好损坏设施的修缮工作，对损毁的棚膜、设施骨架等进行更换、维护，以尽快投入使用，保证下一茬口蔬菜生产正常进行。

风口安装防护网

及时排除棚膜积水包

QUESTION 74 如何利用采后技术减少雨季蔬菜生产损失？

雨季对蔬菜采后流通的影响是多方面的：一是连阴雨天气会造成田间光照不足、通风不良、湿度偏大，光合作用受影响，植株长势弱，蔬菜产品的品质和耐贮性变差。二是雨水将泥土冲溅到植株上，大风冲击造成植株残缺、折断等机械损伤，极大降低了蔬菜商品性，采后流通过程中容易发生品质劣变，增加腐烂损耗。三是雨季往往耽误了蔬菜的正常采收，加之雨天道路运输受阻，大量蔬菜积压在产地，加大了蔬菜滞销、腐烂的风险。

为了减少雨季蔬菜生产损失，可以采取以下采后技术措施：

（1）加强采收管理 对于基本达到采收标准的产品尽量在下雨前应收尽收。

（2）加强采后商品化处理 对于黏附泥土的叶类蔬菜，应避免整棵清洗，只清洗或用湿布擦洗带泥部分，清洗后在阴凉处晾干表面明水后再入库贮藏或包装销售；对于萝卜等根茎类蔬菜，采收时黏附泥土较多，如短时间内销售可用水冲或湿布擦掉泥土，

雨后清洗叶菜

雨后机器清洗萝卜

如需长时间存放则可待表面泥土晾干后直接贮藏；对于受机械损伤的产品，要根据损伤程度进行分类销售或加工利用；对于积压产地的蔬菜，要预冷消除田间热后再进入冷库贮藏以延长保鲜时间，减少腐烂损耗。

（3）加强产地尾菜加工利用 受雨水特别是暴雨洪涝影响，必然产生大量有缺陷的尾菜，包括明显损伤的产品、水冲倒伏的植株、风雨拍落的果实以及被动提前采收的蔬菜等，可加工成脱水菜、泡菜、酸菜和酱菜等产品，既可减少因灾损失也能增加附加值。

QUESTION 75 如何利用蔬菜保险减少损失？

蔬菜保险从种植方式和保险标的对象来看，可分为露地蔬菜保险和设施蔬菜保险。按照风险保障类型，可将蔬菜保险分为自然灾害保险、价格指数保险、收入保险和技术保障类农业保险4类。自然灾害保险保障菜农的种植成本损失，包括种子、化肥、农药、灌溉、机耕成本等，无论风、雹、雨、涝何种自然灾害造成的损失，保险公司均给予赔偿。自然灾害保险中，露地蔬菜保险主要针对种植在户外露天环境中的蔬菜品种进行保险，如北京市有叶类、根茎类、茄果类等保险；设施蔬菜保险在保障蔬菜的种植损失基础之上，还对设施如结构、墙体、棚体、棚架、棚膜受自然灾害影响的损失进行赔偿，如连栋温室、砖混结构日光温室、简易温室、钢架大棚保险。

此外，不同省市地区政府相关部门，往往还会出台农业保险补贴政策，蔬菜保险往往配套有大比例的财政保费补贴（平均补贴比例在80%，最高能达到97%），以此鼓励农户利用政策性农业保险化解风险，减损自救，尽快恢复生产。

农险勘验理赔

CHAPTER 04 第四章

果树防灾减灾技术

QUESTION

76 "倒春寒"对果树有哪些危害?

（1）危害范围　主要危害春季开花较早的果树，如桃、樱桃、海棠、杏、李、梨、苹果等，危害果树的花器（花蕾）和幼果，甚至枝条的幼嫩部位。花期发生"倒春寒"，可能会有部分花开得稍晚，受冻较轻或幸运躲过冻害，能够正常坐果，从而保持一定的经济产量；而幼果期一旦遭遇到较严重的"倒春寒"，往往意味着绝产，从而造成巨大的经济损失。

倒春寒对苹果的危害状

倒春寒导致桃树花期遭遇冻害

（2）危害症状 花器细胞受冻害后直接变色、失水直至干枯死亡。冻害较为严重的幼果也会变色变黑、失水、最后干枯死亡。

QUESTION 77 果树生产如何预防“倒春寒”？

预防倒春寒对果树造成冻害，可采取以下针对性的预防措施。

（1）沿用去年冬季的防冻措施 除了果树的涂白以外，还有树盘培土，用稻草、草帘子等包裹果树的主干，用秸秆、干草覆盖树干和树盘等冬季防冻措施，我们不要过早清理，可将其作为预防倒春寒的措施。等天气稳定后，再进行清理。

（2）遮盖防冻 用塑料布、草帘、苫布等遮盖果树，保留散发的地热。这种方法适于幼龄果树或矮冠的树种。

（3）熏烟防冻 在天气预报有降温时，大棚里面点烟雾，形成烟雾层，保持地温。露天果园在上风头的边角处，以柴草、锯末、枯枝落叶等为燃料，捂暗火烧烟，使浓烟覆盖全园，让烟雾笼罩全园上空。注意：用此方法一定要控制好火势。

（4）早春及时灌水 灌水后近地面平均增温可达3～5℃。在果树萌动后，用大水灌溉果园，一般能使苹果、梨等果树开花期延迟5～7天，桃、杏延迟7～8天，有效避免早期倒春寒对花和幼果的冻害。注意：灌水后不要划锄，浇后锄地保墒同样会受冻害。

（5）喷药剂防冻 在果树开花前25～30天，喷1%的石灰水，可使花期推迟3～5天，避免倒春寒的影响，但若已开花，就不要喷了。也可在果树萌芽后至开花前，配合叶面喷肥，喷施能够提高果树抗逆性的药剂，增强果树的自身抗力，达到防冻效果。

78 什么是果树冻害？

QUESTION

随着气候变化，气温变化的不稳定性增加，果树遭遇晚秋初冬冻害和晚霜冻害的风险在上升，而越冬冻害的发生率在下降。①晚秋初冬冻害是指果树在尚未完全进入越冬期时突然遭遇强降温而导致的冻害。②越冬冻害是指气温低于该品种果树所能承受的下限温度而遭受的冻害。③晚霜冻害(倒春寒)指果树休眠期解除后所遭遇的冻害，主要表现为花期冻害或冷害，与果树的发育期和极端最低气温相关，当日最低气温≤2℃时，会发生低温冷害；≤0℃时，会发生低温冻害；≤-2℃时，会发生严重低温冻害。

果树遭受冻害后也经常会发生根系干缩、枝条黑枯或开裂、萌芽不齐、抽条、花芽冻死、开花坐果率降低、结果大小年以及产量骤减等问题，更严重者会造成果树整棵死亡。

早春持续低温幼年树遭遇冻害

嫁接口部位的冻害引起干裂

冻害引起枝干部位干裂

冻害引起茎部萌发新枝

QUESTION

79 果园如何做好冰冻雨雪天气应对和灾后恢复生产？

（1）持续做好强降雨雪天气应对

①覆盖。可用薄膜、无纺布、草帘等保温材料覆盖树体，减少树冠与雨雪直接接触，建议采取单株或单行覆盖，利于冻雨从覆盖物顺流而下和积雪清理，以防压垮树体。

②设施加固。加固避雨棚、简易大棚等支撑结构较弱的防护设施。垮塌风险较大的设施，应优先保护大棚骨架结构，必要时提前割破薄膜或防护网，减轻顶部载重。

③适时加温。设施内高价值柑橘、草莓等水果，可采用多种措施临时加温，及时巡查设施承雪情况，清除过多积雪，可视情况采取熏烟措施。

（2）雨雪灾后及时采取恢复措施

①除雪和土壤管理。大雪或霜冻过后，及时清理树上和树盘下的积雪或霜。及时全园或树盘浅耕松土（切忌伤根），改善土壤通气，促发新根。

②树体管理。已被冻雨影响树体结冰的，不宜强制除冰，以防树体和枝叶二次机械损伤和伤口感染。劈折树枝的伤口进行清理和防护，对折断或冻伤枝条进行修剪、清园和无害化处理。

③及时修剪。尽早摘除受冻萎蔫不能复原或枯焦未落的叶片，在春季升温后截掉受冻枝梢，尽量多保留树冠内部和下部枝梢。对大的剪（锯）口要削平滑、用合适的保护剂保护伤口。对于直接暴露在强烈阳光下的骨干枝，应涂白或绑缚遮阳网防晒。

④肥水管理。气温回升后，按照“勤施、薄施”原则，及时追施2～3次高氮低钾肥。未落叶的受冻树，及时用0.1%尿素和0.3%～0.5%磷酸二氢钾进行叶面喷肥，间隔15～20天连续喷施2～3次。

⑤病虫害防治。受冻修剪完毕后要及时清理枯枝落叶进行销毁。及时用广谱性杀虫杀菌剂进行全园彻底消毒，防止病虫为害。

80 QUESTION 果树越冬期发生冻害有什么症状？

果树发生冻害的主要表现是：芽萎缩不萌发；枝条受冻部分变色，树木主干纵裂，嫁接口断裂。其中，根颈部进入休眠最晚，解除休眠最早，是极易受冻的位置，因此我们一定要做好根颈部的保护。

越冬期冻害导致的抽条

越冬期冻害导致嫁接口断裂

QUESTION

81 如何减轻果树越冬期冻害损失？

（1）品种选择　在建园时要做到因地制宜、适地适树，选择适合当地自然条件和生长结果的树种、品种，以防范和规避自然灾害。

（2）灌水喷水　封冻水是保证果树安全越冬，防止冬季抽条的主要措施，特别是矮砧树，树体根系较浅，一旦受干旱以及寒冷气候影响，早春容易发生抽条。因此，果树落叶后立即浇透封冻水，以防止冻害及抽条。发芽前后浇水，不但满足春季果树生长对水分的需要，而且可降低地温，推迟果树开花时间，预防和躲避倒春寒。冷空气到来前两三天果园浇水，冷空气到来前一天下午树冠喷水，以防倒春寒。

（3）果园覆盖　树盘覆草、覆盖黑地膜等果园覆盖，能保墒、抗旱。冬春季果园覆草，不但增加土壤有机质含量，而且可提高土壤表层温度2～3℃，有利于减缓冻土深度，防止冬季冻害发生；春季地温提升慢，可延迟发芽开花，预防倒春寒。

（4）越冬保护　果树落叶后，树干和主枝涂抹涂白剂、绑缚草把。果树及幼龄果树在入冬前结合中耕对树干基部培土20～30厘米，葡萄树整形修剪后下架埋土。

（5）熏烟　以碎柴火、碎杂草、锯末、糠壳等为燃料设置烟堆，放在果园的上风口处。关注天气预报，在冷空气到来后的夜晚12小时左右点燃，并控制火势为暗火浓烟，使烟雾覆盖在果园上空。

QUESTION 82 沙尘暴对果树有哪些影响？

沙尘暴天气主要发生在冬春季节，这是由于冬春季半干旱和干旱区降水甚少，地表极其干燥松散，抗风蚀能力很弱，当有大风刮过时，就会有大量沙尘被卷入空中，形成沙尘暴天气，其对果树危害主要有以下4个方面：

（1）损毁树木　携带细沙粉尘的强风折断吹倒或拔起果园树木。

（2）沙埋果园　以风沙流的方式造成果园被大量流沙掩埋。

（3）风蚀土壤　大风作用于干旱地区疏松的土壤时会将表土刮去一层，肥沃的表土被风刮走，使土壤肥力降低。

（4）影响花器　冬春季我国大部分地区果树正处于花期，沙尘暴的出现会让果树遭受到不同程度的危害。其中开花较早的树种的花器受到伤害最大。表现为花瓣、花萼表层布满泥尘，花边枯黄且向内蜷缩，甚至出现伤斑，坏死并脱落；雄蕊花药被泥膜附着包裹，导致花丝、花药会变黑，干枯；泥雨附着于雌蕊阻挡花朵授粉，甚至导致其顶端枯死；果园空旷且迎风的外侧树和中上部最容易受到伤害。大约会有80%以上树冠外缘和花序的花瓣出现半枯或枯死状态。

QUESTION 83 果园如何应对沙尘暴危害？

（1）预防措施　①设置防风屏障。沙尘天气在果园的上风方设置防风屏障，如营造防护林带，以减少沙尘的危害，同时要注意果园进出口应避开沙尘暴主风方向。②关注天气预报，注意隐患排查。得到沙尘暴信息后，要加强果树架、广告牌、室外悬挂物、易倒伏行道树等安全防范检查，排除风险隐患。在沙尘暴到来之前安排人员值班，发现问题及时处理。

（2）减损措施　①清理叶片及树干上的淤沙，以利于植物光合作用，同时注意清理种植沟内淤积的沙尘，避免影响果园灌水。②处理受伤枝果。剪去折断的新梢，促使剪口下的芽萌发，对受损果树架进行修复；疏去果穗上受伤的果粒，剪去受伤严重的果穗，维持果穗、果粒正常生长。③科学施肥。结合灌水追施以尿素为主、配合少量磷钾肥及少量微量元素肥料的化肥，以补充养分，促使新叶片生长发育。④喷洒广谱性农药。⑤提高坐果率。对于处于花期的果园，投放蜜蜂或者人工授粉等方式及时进行灾后补救，降低损失。⑥根据果树品种的二次结果能力，修剪后适当恢复部分产量，减少经济损失。

QUESTION 84 干旱对果树有哪些不利影响？

对落叶果树影响最大的是春旱、伏旱和季节连旱。

（1）春旱　4～5月春旱直接影响果树的萌芽、开花坐果、幼果发育及春梢生长，对正在生长的杏、樱桃等熟期早的果树，会影响后期果实的生长和膨大，对桃、苹果等晚开花坐果的果树，则会影响坐果及果实早期的细胞分裂数量。

（2）伏旱 直接影响有机养分的制造积累，进而影响花芽分化和果实膨大，苹果、樱桃、桃等多种果树正处于花芽形态分化期，此时发生高温干旱，不仅增加果实和树体的日灼伤害，限制果实生长，还会阻碍花芽正常形态分化，同时，长时间的高温干旱后的降水或灌溉会增加裂果的风险。

（3）季节连旱 连续多年季节连旱导致植株生长发育进程加快，提早成花结果，未老先衰。

干旱造成土壤失墒严重，树体营养物质的输送和光合作用降低，果树生长衰弱，影响树体生长和果实膨大，果个小，品质差，产量低，商品率低。同时，干旱导致红蜘蛛、蚜虫等害虫发生严重，诱发缺铁、缺钙及日灼等生理病害的发生。

春季干旱导致苹果幼苗死亡

QUESTION 85 果园预防干旱的技术措施有哪些？

①兴修水利，建园时合理规划，搞好排灌沟渠的建设，打深水机井，山区丘陵果园修建小水库、贮水窖，以备抗旱所需，及

时供水。平地果园雨季到来之前，打通排水沟、渠，做到旱能浇、涝能排。②设施栽培。有条件的果园，在种植樱桃、桃、葡萄等早熟品种时，可进行保护地栽培，葡萄可采用避雨栽培。③种植大户、家庭农场、公司化运作的宽行密植果园，建设喷灌喷雾、水肥一体化设施。④园区采用起垄覆盖、行间生草等技术，有效减轻干旱、高温、雨涝对果树生长的影响，提高果实品质。

QUESTION 86 越冬期干旱对果树生产有哪些影响？

越冬期干旱可对土壤和树体造成严重影响，由于水分的严重不足，土壤失墒现象会变得尤为严重。土壤失墒意味着土壤中的水分大量流失，导致土壤变得干燥，进而影响到树体对营养物质的吸收和运输。树体在生长过程中，需要通过根系从土壤中吸收水分和养分，并通过内部的输导组织将这些物质输送到各个部位，以维持正常的生理功能和生长发育。然而，在干旱条件下，土壤中的水分不足，导致树体无法有效地吸收和输送营养物质。这会使得树体的代谢活动受到抑制，进而影响到其正常的生长和发育。由于营养物质的输送降低，树体的一些生理病害也会随之出现。例如，顶芽可能会因为缺乏足够的水分和养分而干枯、死亡。枝干上的僵芽和侧芽也可能因为营养不足而无法正常萌发。这些生理病害不仅会影响到树体的外观和生长势，还可能对其长期的生存和繁殖产生不利影响。在长期的干旱条件下，植株为了应对环境压力，会加快其生长发育进程，力图在短时间内完成生命周期，以增加繁殖的机会。这种加速的生长发育进程可能导致植株提早开花结果，出现“未老先衰”的现象，即过早地出现生长衰退，甚至死亡。

越冬期干旱造成枝干顶芽干枯死亡

越冬期干旱造成侧芽不萌发

QUESTION

87 如何做好果树越冬期干旱防灾减损工作？

封冻水是保证果树安全越冬的主要措施；树盘覆草、覆盖黑地膜等果园覆盖，能保墒、抗旱；加强土肥水管理，清耕园并及时中耕除草；及时浇水（含穴贮肥水），养根壮树，增加树体贮备营养，使树体健壮，提高果树的抗逆能力。

QUESTION

88 冰雹对果树生产造成的危害有哪些？

雹灾对果树的危害主要是对果树各器官造成机械损伤，使叶片穿洞或脱落，叶面积减少，光合效率下降。折伤树枝，打伤树干，造成果树“遍体鳞伤”。果实被打烂打落，不仅对当年产量质量造成影响，甚至绝收。同时，树叶和枝干是树木进行光合作用、呼吸作用和养分输送的关键部分，一旦遭到破坏，就会对树体造成严重影响。树木的光合作用能力会下降，导致能量和养分生成减少，进而影响整棵树的生长发育。枝干受损则可能导致养分和水分的输送受阻，造成树势衰弱。此外，树叶和枝干的破坏还可能引发树木的二次枝和二次花现象，导致树势进一步衰弱，甚至影响到树木的寿命。另外，伤口的产生也为病虫害的入侵提供了机会。伤口处容易受到病菌和害虫的侵袭，进而使园区的病虫害加重。

冰雹危害樱桃果实

冰雹危害苹果

QUESTION 89 如何做好果树防雹减损工作？

（1）架设防雹网　采用钢管支撑、铁丝网架、全覆盖屋脊型的防雹网架设模式，能够承受7级以上大风和10 ～ 15毫米降雹和降雪。

(2) 果实套袋　苹果、梨、桃、葡萄等果树定果后及时套袋，以减轻冰雹的危害。

(3) 发射防雹弹　开展冰雹预报和冰雹云带的跟踪，适时发射携带碘化银的炮弹或火箭弹防雹，化雹为雨。

(4) 建立防灾减灾信息服务体系　完善以现代通信技术为基础的全方位防灾减灾信息专业服务网络系统，利用电视、电台、网站、咨询电话、手机短信、电子显示屏等多种渠道，与果农建立互动式的信息服务体系，及时发布防灾减灾信息，为防灾减灾争取时间。

(5) 建立防灾减灾应急预案　切实规范预警、响应、处置程序和办法，增强可操作性，为防灾减灾提供有力的组织保障，做好果树重大灾害的预防、应急处置和灾后生产恢复工作。

(6) 加强果园生态防护林建设　提高水利设施的防汛抗旱能力和抵御洪涝灾害能力。

(7) 建立健全果树病害防疫体系　杜绝有害生物入侵和扩散。

(8) 避开雹线建果园　冰雹常打一条线，在雹线上受灾概率高。因此，不要在雹线上建园。

架设防雹网

防雹网效果

90 QUESTION 大风天气对果树生产有哪些影响？

早春大风天气时，柱头易被吹干，而且尘土覆盖在柱头上，阻止花芽分化，影响授粉、受精，进而影响坐果和产量；采收前遇大风易导致大量落果，直接影响当年收成。大多落果跌破果面，不能食用也无法进行深加工，经济损失巨大；夏天的雷电大风、龙卷风、沿海地区的台风等大风是果树灾害性天气之一，虽频率小、时间短，但风力大，又时常伴有大雨、暴雨，造成果实脱落、大枝折断，甚至果树倒伏；冬季大风及早春旱风会加强树体的蒸腾作用，由于失水多，从而导致树势衰弱等后果。大风会关闭叶片气孔，致使光合作用受阻，生长量变小也导致树势衰弱。

大风导致树体倒伏

大风导致幼年果树连根拔起

大风导致果树从嫁接口处断裂

QUESTION 91 如何做好大风灾害天气防灾减损工作？

（1）选好园址　园址应安排在背风向阳处，尽量不在山顶、风道及风口处建园。

（2）建防风林带　据不同栽植环境建造不同防风林，山丘地应建水土保持林，沙滩地应建防风固沙林，平原地区应建网格林带。风大地区要加大林带行数和宽度。

（3）降树高　树高易招风，为了减轻风害，树冠不宜太高，树体过高时，上部果实易被吹落，而且给田间管理加大了难度。

（4）设支柱　栽植后即设立柱或篱架，防止树体被吹歪或吹倒。现代苹果、梨、桃等实行宽行密植栽培，采用高纺锤形、圆柱形、Y形整形，沿海地区，设置支柱，拉上铁丝，进行树体绑缚、吊枝，既可整形又可预防大风危害。

（5）大风前采收　果实成熟前，及时关注天气预报，大风到来前突击分期采收，尤其是采收树冠上部、外围的大果。

QUESTION 92 干热风会对果树造成什么危害？

干热风作为一种高温、低湿并伴有一定风力的农业灾害性天气，对果树的危害主要为强风迫使空气和土壤的蒸发量增大，作物体内的水分消耗很快，从而破坏了叶绿素等色素，阻碍了作物的光合作用，使植株由下往上快速青干。干热风常伴随干旱发生，植株根部本来就吸不到应有的水分，而干热风却又从茎叶中把大量的水分攫取走了，因而使植株更快地萎黄枯死。

干热风导致树体枯萎

干热风导致叶片焦枯

干热风导致枝条枯萎

干热风危害后新芽萌发

93 QUESTION 如何预防干热风对果树造成的不利影响？

（1）营造防护林带　可降低风速，调节果园小气候。

（2）科学灌溉　搞好果园水利建设以便灌溉（浇灌、喷灌）。

适时浇水，如天气干旱少雨，对保水力差的地块，当土壤缺水时，则应早浇水。

（3）科学施肥　为了提高磷钾含量，增强抗御干热风的能力，可喷施0.1%～0.5%的磷酸二氢钾溶液。喷施硼、锌肥，增强其抗逆性，促进结实。

（4）喷施药剂　喷施萘乙酸、食醋、醋酸溶液等可增强抗干热风能力。

QUESTION 94 台风对果树生产有哪些危害？

每年7月以后，我国沿海地区经常性遭遇台风，频繁的台风高发造成成熟期的荔枝等果树损失严重，还易造成秋梢损失、树体倒伏，对于第二年的产量也有影响。具体表现有以下两个方面：一是毁损果树。香蕉、火龙果等草本果树，受台风影响的风险较大，一次台风过境，可造成果树在一夜间全部树干折断。台风对于荔枝等木本果树也常常造成直接伤害，吹断枝梢、吹折幼树、吹落果实，严重的可以将树连根吹起。二是台风带来次生灾害。台风往往伴随着暴雨，会造成果园涝害，淹坏甚至淹死果树，雨

台风毁坏香蕉园

台风危害荔枝

水冲刷还会造成果园的水土流失。此外，台风之后还会出现裂果，并诱发溃疡病、树脂病和炭疽病等病害。

QUESTION 95 果树生产如何防范台风？

防范台风危害需要做好以下预防措施：

（1）台风来临前及时抢收　对已经成熟或者即将成熟的香蕉、荔枝及其他水果在台风来临之前及时抢收，减少损失。

（2）疏枝疏果，通风透光　对于比较密闭的果园，可结合采果进行大枝疏枝，减少树冠的枝叶量及果量，疏通果园，矮化树冠，树体开心型结构，可减轻台风导致的正面冲击，从而降低危害。

（3）做好防护和支撑　对于香蕉、荔枝、龙眼等高大的果树来说，防范台风最好在果园周边种植防风林，为果园增加一层保护屏障；或采用支柱支撑树干或主枝，尽量减少因整株树倒地而导致的严重损失。

香蕉园周边种植的防护林

支柱支撑香蕉树干

QUESTION

96 台风过后果园如何进行灾后管理？

（1）及时排水　台风常伴随强降雨，导致果园浸水，洪水退后要及时挖通和恢复果园排水系统，尽快排清果园积水，减少果树受浸泡时间，避免烂根死树。

（2）清理果园 及时清除被台风折断、刮落的果树枝叶；扶正或撑扶起倒伏的植株；绑扎、疏整或剪除被台风撕裂的枝条，削平裂口。

（3）浅表松土 对淤积地块或黏重地块，洪涝后容易产生土壤板结，要及时疏松土壤深度10厘米左右，改善土壤的通透性，促进根部呼吸和根系恢复。

（4）加强病虫害防治 受到暴风雨强烈冲击的叶片和果实、刮折的枝干，均会出现大量伤口，极易感染病菌，可先喷一遍内吸性杀菌剂如苯醚甲环唑，间隔一周再喷一遍保护性杀菌剂如百菌清。

（5）加强叶面肥的使用 水浸泡后因树体根系受损，不宜立即给土壤施肥，而应进行根外追肥。结果树宜喷施高钾叶面肥，无结果树可喷尿素。

97 QUESTION 什么是果树阴雨灾害？如何防范？

阴雨灾害是指由于长时间的低温寡照，导致叶片光合作用受阻，果实品质下降，同时降雨直接导致苹果等果树落叶病发生。园区积水过多，造成树体毛细根大量死亡，根部吸收功能下降，甚至整株死亡。

（1）健全果园气象信息预报预警服务体系 完善果园田间气象站网络，结合天气综合发展趋势，及时监测田间小气候变化，关注气象部门发布的气象灾害预报预警服务，及早采取预防措施，减少损失。

（2）做好果园防灾基础设施建设 气象灾害来临前排查检修园区防灾基础设施，可有效减轻或避免灾害发生。搭建果园避雨棚、雨涝来临前挖排水沟，可有效减轻雨涝灾害；在冰雹多发地带搭建防雹网以应对冰雹灾害。

（3）提高林果种植管理技术水平 园区采用起垄覆盖、行间生草等技术，有效减轻干旱、高温、雨涝对果树生长的影响，提高果实品质。

阴雨灾害导致果树早期落叶

QUESTION 98 渍涝害对果树生产有哪些影响？

渍涝害是由于降水过于集中或持续时间长，导致果园积水或作物根层土壤持续处于过湿状态，作物根系被水长期浸泡缺氧，造成根系早衰、叶片早枯等，甚至出现植株倒伏，抗病力减弱，最终影响产量。

有些地势低洼的平地果园，特别是桃、杏、甜樱桃园易发生涝灾，轻则根系生长和呼吸、吸收受阻，造成果树落叶、生长衰

渍涝害对桃树造成的危害

渍涝害导致桃树早期落果

弱，重则果园成片死树。

QUESTION

99 果树渍涝害防灾减损措施有哪些？

（1）预防措施 园址选择在地势高、背风向阳的地方，并注意做好水土保持和土壤改良工作。雨水偏多地区，可选用深沟高畦或梯田栽培模式，以利于积水排放。易积水地段要事先修好排水设施。若底土有不透水层，应进行客土换沙。对于接近成熟或已成熟果实，及时采收。

（2）补救措施　①及时排水，在园区内，每隔2～3行挖一个深50厘米、宽40厘米的排水沟，及时排除根际积水。②清淤疏果。彻底清除树盘根区的覆沙和淤泥，对外漏的根系要进行培土养护。先将树体用支架固定扶正，防倾斜。对于果量大的果树，要迅速疏除多余幼果，减轻负担，更利于树势恢复。③加强营养，灾后可叶面可喷施0.1%～0.2%的磷酸二氢钾，以补充营养。④加强有害生物的防治。

100 QUESTION 日灼对果树有哪些危害？如何预防？

日灼是由于太阳照射而引起的生理病害。树皮受日灼伤害，严重时脱落或干枯开裂；果实表皮受日灼伤害，先变白，继而褐变；在天气极度干旱，持续高温，空气相对湿度在50%以下，地下供水不足，蒸腾作用减弱时，直射的强光，也能引起苹果、梨等果树的叶片灼伤；冬季幼树枝干的日灼，与树皮温度剧变、冻融交替有关，因此都发生在向阳面的枝干上。

（1）改变果园小气候，提高土壤含水量　夏季干旱时，应在叶片萎蔫前及时灌水，保证叶片含水量。在日灼发生时，应及时采取喷灌等浇水措施，增加空气湿度，提高土壤含水量，保证水分供给，降低叶片果实表面温度，减少日灼发生。可用稻草在高温来临时覆盖树体，进行遮阳保护，降低果园地表气温，减少果园土壤水分蒸发。

（2）果园生草　利于稳定土壤温湿度条件，有利于根系生长，提高土壤有机质含量，改善田间小气候。

（3）提高果实自然遮阴率　春季疏花疏果时有意识地多留树

体中下部果实，少留上部果；多留内膛果，少留外膛果；多留北部阴面果，少留南面向阳果。生长季加强水肥管理，使其枝繁叶茂，增加叶片对果实的遮阴率。夏剪时，多留果实上部叶片来遮挡烈日，避免阳光直射果实。

（4）改进套袋技术 纸袋选用质地良好的材料，以透气性好、耐雨水冲刷的双层袋为宜。在套袋前3～5天浇一次透水，同时，套袋应选择晴天上午且果实表面的露水干后进行。套袋时，用手将纸袋撑开，将果实悬空在果袋中央为最佳。果袋上口保留空隙，避免袋内温度过高。

日灼对苹果叶片危害

日灼对苹果果实危害

日灼对苹果主干危害

日灼对柑橘果实危害